Hartmut Wittenberg

Praktische Hydrologie

Hartmut Wittenberg

Praktische Hydrologie

Grundlagen und Übungen

STUDIUM

VIEWEG+
TEUBNER

Bibliografische Information der Deutschen Nationalbibliothek
Die Deutsche Nationalbibliothek verzeichnet diese Publikation in der
Deutschen Nationalbibliografie; detaillierte bibliografische Daten sind im Internet über
<http://dnb.d-nb.de> abrufbar.

Prof. Dr.-Ing. Hartmut Wittenberg studierte Bauingenieurwesen an der TU Braunschweig. Nach dem Diplom arbeitete er zunächst in einer großen Bauunternehmung in den Bereichen Statik, Konstruktion und Baustellenaufsicht. Von 1971 bis 1975 war er Wissenschaftlicher Mitarbeiter am Institut Wasserbau III der Universität Karlsruhe, wo er 1974 mit einer Dissertation im Bereich der Hochwasserhydrologie promovierte. Von 1975 bis 1983 nahm er als Angestellter der Salzgitter Consult GmbH Planungs- und Leitungsaufgaben in wasserwirtschaftlichen Projekten in Europa, Afrika, Lateinamerika, Asien mit einem Schwerpunkt in der Hydrologie wahr. Nach einer Professur für Wasserbau an der Fachhochschule Hagen erfolgte im Jahre 1988 der Ruf auf die Stelle für Hydrologie, Wasserbau und Tropenwasserwirtschaft an der Fachhochschule Nordostniedersachsen in Suderburg; seit 2005 ist er Professor an der Leuphana Universität Lüneburg. Daneben war er als Experte, Berater und Forscher bei zahlreichen Wasserprojekten in allen Erdteilen tätig.

1. Auflage 2011

Alle Rechte vorbehalten
© Vieweg+Teubner Verlag | Springer Fachmedien Wiesbaden GmbH 2011

Lektorat: Dipl.-Ing. Ralf Harms | Sabine Koch

Vieweg+Teubner Verlag ist eine Marke von Springer Fachmedien.
Springer Fachmedien ist Teil der Fachverlagsgruppe Springer Science+Business Media.
www.viewegteubner.de

Das Werk einschließlich aller seiner Teile ist urheberrechtlich geschützt. Jede Verwertung außerhalb der engen Grenzen des Urheberrechtsgesetzes ist ohne Zustimmung des Verlags unzulässig und strafbar. Das gilt insbesondere für Vervielfältigungen, Übersetzungen, Mikroverfilmungen und die Einspeicherung und Verarbeitung in elektronischen Systemen.

Die Wiedergabe von Gebrauchsnamen, Handelsnamen, Warenbezeichnungen usw. in diesem Werk berechtigt auch ohne besondere Kennzeichnung nicht zu der Annahme, dass solche Namen im Sinne der Warenzeichen- und Markenschutz-Gesetzgebung als frei zu betrachten wären und daher von jedermann benutzt werden dürften.

Umschlaggestaltung: KünkelLopka Medienentwicklung, Heidelberg
Gedruckt auf säurefreiem und chlorfrei gebleichtem Papier
Printed in Germany

ISBN 978-3-8348-0789-2

Vorwort

Die weltweit zunehmende Wassernutzung, das wachsende Umwelt- und Risikobewusstsein und der sich abzeichnende Klimawandel erfordern mathematisch und physikalisch basierte Methoden zur Einschätzung und Quantifizierung der Prozesse des Wasserhaushalts und ihrer Extreme, zur Bemessung und Bewirtschaftung wasserwirtschaftlicher Anlagen und Systeme und zum Schutz des Menschen und der Natur. In wenigen Jahrzehnten hat sich daher aus der eher beobachtenden und beschreibenden Gewässerkunde die moderne Hydrologie entwickelt.

Das vorliegende Buch entstand aus der Lehr- und Forschungstätigkeit des Verfassers in Suderburg, erst an der Fachhochschule Nordostniedersachsen, dann an der Leuphana Universität Lüneburg sowie aus zahlreichen Praxiseinsätzen und enthält den Stoff, der in einer Grundvorlesung über quantitative Hydrologie gelehrt und studiert werden kann. Den Beispielen und Übungen zum Verständnis und zur Anwendung der Methoden liegen größtenteils reale Daten und wasserwirtschaftliche Aufgabenstellungen aus Projekten in verschiedenen Ländern zugrunde. Umrissene Aufgaben, insbesondere der Bemessung, können hiermit verstanden und bearbeitet werden.

Die Entwicklung der Datenverarbeitung und der Komplexität der Aufgabenstellungen haben dazu geführt, dass zunehmend Softwarepakete dem Bearbeiter die Wahl der Methoden und die Berechnungen abnehmen. Zur Beurteilung der Eignung eines Programms oder Modells und seiner Ergebnisse ist jedoch die Kenntnis seiner Bausteine und Methoden unerlässlich. Auch moderne hydrologische Modelle haben als Hauptkomponenten klassische Ansätze der Wasser- und Energiebilanz, Algorithmen der Konzentrationszeit, Faltung, Speicherung, Wahrscheinlichkeitsrechnung, Regression usw., die verstanden und in der Größenordnung ihrer Auswirkung auf das Ergebnis einschätzbar sein müssen. Hier möchte dieses kompakte Buch einen Beitrag leisten. Hinweise auf Quellen, vertiefende und umfangreichere Literatur sind angeführt.

Suderburg, April 2011   Hartmut Wittenberg

Inhaltsverzeichnis

1 Begriffe, Kurzzeichen, Einheiten und Schreibweisen 1
2 Physikalische Eigenschaften des Wassers 3
3 Wasserkreislauf und Wasserhaushalt 5
4 Messung und Gewinnung von Grunddaten 11
    4.1 Niederschläge 11
    4.2 Gebietsniederschlag 14
    4.3 Meteorologische und klimatologische Daten 16
        4.3.1 Luftdruck, Dampfdruck und Luftfeuchte 16
        4.3.2 Globalstrahlung und Sonnenscheindauer 20
        4.3.3 Windgeschwindigkeit 20
    4.4 Wasserspiegelhöhen und Durchflüsse 21
        4.4.1 Pegelstationen 21
        4.4.2 Durchflussmessungen 22
        4.4.3 Auswertung von Abflussmessungen 23
        4.4.4 Neuere Sensoren und Sonderverfahren 24
        4.4.5 Pegelkurven 25
5 Verdunstung 27
    5.1 Berechnung der Verdunstung von Wasserflächen, Dalton-Formel 27
    5.2 Ermittlung der potentiellen Evapotranspiration 28
        5.2.1 Berechnung der potentiellen Evapotranspiration nach *Haude* 28
        5.2.2 Verfahren nach *Penman* 29
    5.3 Messung der Verdunstung 32
    5.4 Ermittlung der realen Verdunstung von Einzugsgebieten und Beständen 32
6 Auswertung, Prüfung und Vervollständigung von Datenreihen 33
    6.1 Mittel- und Hauptwerte 33
    6.2 Ganglinie und Dauerlinie 34
    6.3 Doppelsummenanalyse 35
    6.4 Regression und Korrelation 36
        6.4.1 Lineare Einfachregression 36
        6.4.2 Nichtlineare Regression 38

		6.4.3	Mehrfachregression (multiple Regression) 39
		6.4.4	Andere Regressionen 40
7	**Wahrscheinlichkeitsanalyse von Extremwerten** 41		
	7.2	Eintrittswahrscheinlichkeit von Maximalwerten 42	
	7.3	Eintrittswahrscheinlichkeit der Messdaten 43	
	7.4	Niedrigwasseranalyse 46	
8	**Speicher** 49		
	8.1	Linearer Speicher 49	
	8.2	Nichtlinearer Speicher, Seeretention 50	
	8.3	Nichtlinearer Speicher, Abflussrezession 52	
	8.4	Lineare Speicherkaskade 53	
	8.5	Instationärer Speicher (Muskingum-Verfahren) 55	
	8.6	Gesteuerte Speicher und Speicherwirtschaft 56	
9	**Niederschlag-Abfluss-Modelle** 59		
	9.1	N-A-Modelle zur Hochwasserberechnung 59	
	9.2	Einheitsganglinie 59	
	9.3	Faltung 61	
	9.4	Bestimmung der Einheitsganglinie 62	
		9.4.1	Berechnung aus Niederschlags- und Abflussdaten 62
		9.4.2	Berechnung der Einheitsganglinie aus einer Hochwasserganglinie nach der Reduktionsmethode 64
		9.4.3	Berechnung der Einheitsganglinie ohne hydrologische Daten Isochronen-Verfahren, „Synthetische Einheitsganglinien" 64
		9.4.4	Änderung der Bezugsdauer einer Einheitsganglinie, S-Kurven-Verfahren ... 68
	9.5	Intensität des Bemessungsniederschlages 69	
	9.6	Monatswerte des Abflusses aus Niederschlagsdaten 70	
10	**Hydrologische Verfahren zur Ermittlung der Grundwasserneubildung** 73		
	10.1	Ermittlung aus monatlichen Niedrigwasserabflüssen 73	
	10.2	Ermittlung aus dem Basis- oder Trockenwetterabfluss 75	
11	**Feststofftransport, Erosion und Sedimentation** 79		
12	**Übungen** 81		
Literatur 109			
Sachwortverzeichnis 111			

1 Begriffe, Kurzzeichen, Einheiten und Schreibweisen

Wasserwirtschaft (Oberbegriff) — Zielbewusste Ordnung aller menschlichen Eingriffe auf das ober- und unterirdische Wasser (DIN 4049).

Zur Wasserwirtschaft gehören:

Hydrologie — (Griechisch: υδωρ, hydor, Wasser, λογος, logos, Wort), Wissenschaft vom Wasser, seinen Eigenschaften und seinen Erscheinungsformen über, auf und unter der Erde – einschließlich aller darin gelösten, emulgierten und suspendierten Stoffe (DIN 4049).

Ingenieur-Hydrologie — Quantitative Hydrologie, Ermittlung von Bemessungsgrößen für wasserwirtschaftliche, wasserbauliche und ökologische Planungen und Maßnahmen. (Inhalt dieses Buches)

Hydraulik — (von griechisch: υδραυλις, hydraulis, Wasserorgel), aus der Hydromechanik/Physik abgeleitete Verfahren zur Ermittlung der Strömungsvorgänge, Drücke, Kräfte usw. des Wassers als Bemessungsgrößen für die Wasserwirtschaft.

Wasserbau — Bauliche Maßnahmen zur Verwirklichung wasserwirtschaftlicher Zielsetzungen.

Die in der Hydrologie zu verwendenden Begriffe, die Kurzzeichen für die hydrologischen Größen und ihre physikalischen Einheiten sind in DIN 4049, Hydrologie, genormt und angegeben. Die Systematik der Kurzzeichen und Einheiten ist in Einklang mit den folgenden Vorschriften und weiteren Normen des DIN (Deutsches Institut für Normung) und der ISO (Internationale Normung):

- Internationales Einheitensystem SI (Système International d'Unités)
- DIN 1080   Bauingenieur-Fachgrundnorm
- DIN 4044   Hydromechanik im Wasserbau

2 Physikalische Eigenschaften des Wassers

Dichte (spezifische Masse)

Die Dichte ρ = Masse/Volumen in kg/m³, g/l des Wassers ist abhängig von Temperatur, Salz- und Feststoffgehalt. Als lineare Näherungsbeziehung für die Dichte reinen Wassers gilt:

$$\rho(T) = 1000 - 0.18 \cdot (T - 4\,°C) \text{ in kg/m}^3 \quad \text{für } T \geq 4\,°C \tag{2.1}$$

Die Ausdehnungszahl für Erwärmung beträgt mithin $b = 18 \cdot 10^{-5}$ 1/K

reines Wasser	4 °C (kleinste Ausdehnung)	1000 kg/m³
reines Wasser	30 °C	995 kg/m³
reines Wasser	Eis	910 kg/m³
Seewasser, 3.5 % Salz	15 °C	1026 kg/m³
Salzwasser, gesättigt	z. B. Totes Meer	1210 kg/m³

In der Praxis wird für Süßwasser meist eine Dichte von ρ = 1000 kg/m³ angenommen.

Gewicht und Wichte (spezifisches Gewicht)

Das Gewicht = Masse Erdbeschleunigung   ist eine Kraft: $F_G = m \cdot g$

mit m in kg und g in m/s² ergibt sich die Gewichtskraft in N

Wichte = Gewicht/Volumen = Dichte · Erdbeschleunigung: $\gamma = \rho \cdot g$

Bei praktischen Berechnungen wird meist die Erdbeschleunigung auf mittlerer Meereshöhe, g = 9.81 m/s² angesetzt. Entsprechend ergibt sich die **Wichte reinen Wassers** zu:

$$\gamma = \rho \cdot g = 1000 \cdot 9.81 = 9810 \text{ N/m}^3 = 9.81 \text{ kN/m}^3 \tag{2.2}$$

In Sonderfällen z. B. bei Salzwasser (> 1000 kg/m³) oder im Hochgebirge (g < 9.81 m/s²) und höheren Ansprüchen an Genauigkeit müssen entsprechende Werte eingesetzt werden.

Kinematische Zähigkeit   Parameter für die Übertragung von Schubspannung im fließenden Wasser, abhängig von der Wassertemperatur nach folgender Näherungsformel:

$$\upsilon = 0.01/(5620 + 165 \cdot T(°C)^{1.091}) \text{ m}^2/\text{s} \tag{2.3}$$

Beispiele: bei T = 10 °C: $\nu = 1.3 \cdot 10^{-6}$ m²/s, bei T = 20 °C: $\nu = 1.0 \cdot 10^{-6}$ m²/s

Die Zähigkeit erhöht sich mit dem Salz- und Feststoffgehalt des Wassers.

Elastizität   Volumenveränderung unter Druck p, nach dem *Hooke*schen Gesetz:

$dV/V = -dp/E$ Elastizitätsmodul E_{wasser} = 2.1 · 10⁶ kN/m²

Obwohl die elastische Verformbarkeit von Wasser 100-mal so groß ist wie die von Stahl (E_{stahl} = 210 · 10⁶ kN/m²), wird bei fast allen praktischen Berechnungen von Nichtzusammendrückbarkeit (Inkompressibilität) des Wassers ausgegangen.

3 Wasserkreislauf und Wasserhaushalt

Das Wasservolumen der Erde wird nach [2] auf ca. $1{,}38 \cdot 10^{18}$ m³ geschätzt. Hiervon befinden sich 97,4 % als Salzwasser im Weltmeer und 2 % als Eis vor allem an den Polen. Der flüssige Süßwasserbestand der Erde macht also nur 0,6 % der gesamten Wassermenge aus, wovon der weitaus größte Teil (97,5 %) Grundwasser ist. Dieser Bestand ist jedoch nicht statisch, sondern einem ständigen Austausch und Kreislauf unterworfen. Die Energie hierfür liefert die Sonne mit ihrer Globalstrahlung. Wasser verdunstet, wird als Dampf durch Luftströmungen transportiert und kondensiert bei Abkühlung als Niederschlag. Sonnenstrahlung und Wassertransport sind damit zusammen mit Umlauf und Rotation der Erde die wichtigsten Klima- und Wetterelemente.

Global ist die verdunstete Wassermenge gleich der Niederschlagsmenge, jeweils etwa $4{,}96 \cdot 10^{14}$ m³. Sie ist damit mehr als doppelt so groß als die sich in allen Flüssen und Süßwasserseen befindende Wassermenge.

Während über den Meeresflächen im Mittel die Verdunstungsmenge größer ist als die des Niederschlages, verhält es sich auf den Landflächen umgekehrt. Der Wasserüberschuss der Landflächen fließt über die Flüsse in die Meere ab und gleicht die globale Wasserbilanz aus. Es ist praktisch und üblich, die Wassermengen als Wasserhöhen in mm über den jeweils betrachteten Flächen auszudrücken (1 mm = 1 l/m² = 1000 m³/km²). Die mittlere jährliche **Weltwasserbilanz** ergibt sich damit wie folgt:

Tabelle 3.1 Mittlere jährliche Weltwasserbilanz nach Baumgartner und Reichel, 1975 [2]

	Fläche A in 10^6 km²	Niederschlag h_N	Verdunstung h_{ET}	Abfluss h_A	Zufluss h_Z in mm/a
Landflächen	148.9	746	480	266	0
Meeresflächen	361.1	1066	1176	0	110

Es ist davon auszugehen, dass sich mit dem Anstieg der Temperaturen durch den Klimawandel die Verdunstung und damit auch die Niederschläge in den letzten Jahrzehnten erhöht haben, sodass die aktuellen Werte etwas über den angegebenen liegen.

Die Verteilung der Größen über den Globus ist sehr ungleichmäßig. So gibt es sowohl jährliche Niederschlagshöhen von einigen Metern (Tropen) als auch Regionen praktisch ohne Niederschlag (Wüsten). Vergleichbares gilt für die Verdunstung. In Mitteleuropa entsprechen die Wasserhaushaltsgrößen dem gemäßigten Klima und haben im Mittel etwa die Größenordnung der o. a. globalen Landflächenmittelwerte.

Zu der regionalen Ungleichverteilung der Wasserhaushaltsgrößen kommt eine große jahreszeitliche und durch Wetterereignisse bestimmte Variation. Auch in unseren Flüssen kann an der gleichen Stelle der höchste beobachtete Abfluss ein Hundertfaches des niedrigsten betragen. Räumliche und zeitliche Mittelwerte haben daher nur eine sehr begrenzte Aussagekraft. Zur Beschreibung der hydrologischen Abläufe und zur Planung wasserwirtschaftlicher Maßnahmen muss der Wasserhaushalt in den Einzugsgebieten der Flüsse in kürzeren Zeitintervallen erfasst werden.

Wasserhaushalt in Einzugsgebieten

Ein hydrologisches Einzugsgebiet ist das Gebiet, aus dem das Wasser aufgrund der Gefälleverhältnisse einem bestimmten Ort oder Flussquerschnitt, zufließt. Es ist durch die Wasserscheide, die Verbindung der höchsten Punkte um dieses Gebiet, begrenzt. Seine Fläche A_E wird in km² in der Horizontalprojektion gemessen. Meistens wird davon ausgegangen, dass die oberirdische Wasserscheide auch die unterirdischen Verhältnisse repräsentiert. Je nach den geologischen Bedingungen, z. B. bei Karst, können jedoch erhebliche Unterschiede zwischen der oberirdischen Einzugsgebietsfläche A_{Eo} und der unterirdischen A_{Eu} auftreten. Besonders große Unterschiede können sich in kleineren Einzugsgebieten mit quartärem Lockergestein (Kies, Lüneburger Heide) [33] ergeben. Bild 3-1 zeigt das oberirdische und das unterirdische Einzugsgebiet der Hardau bis zum Pegel Suderburg. Die unterirdische Wasserscheide orientiert sich dabei an den höchsten Punkten des Grundwasserkörpers, der durch die mittleren Grundwasseroberflächengleichen dargestellt ist.

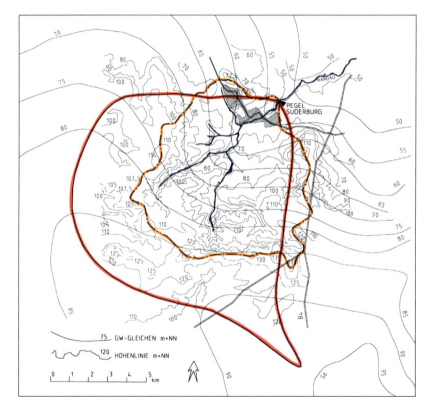

Bild 3-1 Oberirdisches und unterirdisches Einzugsgebiet der Hardau am Pegel Suderburg (Wittenberg et al., 2003, [33])

Das unterirdische Einzugsgebiet (122 km²) ist hier fast doppelt so groß wie das oberirdische (63 km²), was sich in einer relativ großen und ausgeglichenen Abflussspende der Hardau bemerkbar macht.

4.1 Niederschläge

Das Wasser in einem Einzugsgebiet stammt aus Niederschlag. Es wird durch Verdunstung und Abfluss wieder abgegeben. Zwischenzeitlich wird ein Teil als Grundwasser, Bodenfeuchte, Schnee, Oberflächenwasser usw. gespeichert (rückgehalten) und verzögert wieder abgegeben. Die wesentlichen Teilprozesse zeigt Bild 3-2.

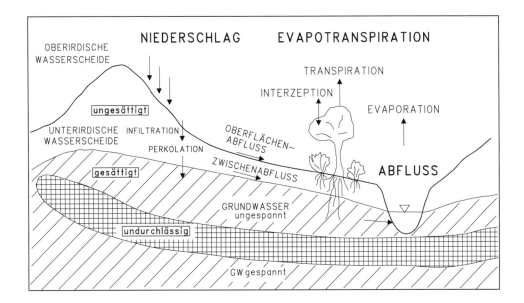

Bild 3-2 Schematischer Querschnitt durch ein Einzugsgebiet mit Wasserhaushaltsgrößen

Die Wasserhaushaltsgleichung in Kurzform besagt, dass der Gebietsniederschlag N in einem Zeitintervall Δt zu Abfluss A, Verdunstung ET und Änderung der Rücklage ΔR führt:

$$N = A + ET + -R \qquad (3.1)$$

Meistens werden diese Größen bei Berechnungen in äquivalenten Wasserhöhen (Niederschlagshöhe, Abflusshöhe, Verdunstungshöhe, Rücklagenhöhe) über der Einzugsgebietsfläche angegeben (s. auch Übungsblatt im Anhang):

$$h_N = hA + hET + \Delta h_R \qquad \text{in mm} \qquad (3.2)$$

Die Rücklage ist die gesamte Wassermenge, die sich zum betrachteten Zeitpunkt als Grundwasser, Bodenfeuchte, Oberflächenwasser, Schnee usw. im Einzugsgebiet befindet. Diese Menge ist kaum genau zu ermitteln. Für den Wasserhaushalt ist die Änderung der Rücklage ΔR, bzw. ihrer Höhe Δh_R von Belang. Der Wert Δh_R ist positiv, wenn der Niederschlag die Summe aus Verdunstung und Abfluss im betrachteten Zeitintervall übersteigt, im umgekehrten Fall ist er negativ. Über eine lange Zeit, viele Jahre, gemittelt, geht die Summe der Werte Δh_R gegen 0, sodass Gleichung 3.2 sich zu $h_N = h_A + h_{ET}$ verkürzt.

Wurden also über viele Jahre die Niederschläge und Abflüsse eines Einzugsgebietes zuverlässig gemessen, so lässt sich als Differenz die tatsächliche mittlere Gebietsverdunstung bestimmen. Für auf diese Art bestimmte Jahresmittelwerte von über 200 Flussgebieten der Erde leitete **Wundt** [35] die mittleren Abhängigkeiten der Verdunstungs- und Abflusshöhen von Gebietsniederschlag und Lufttemperatur ab. Der für das Klima Mitteleuropas zutreffende Bereich der *Wundt*schen Kurven ist in Bild 3-3 gezeigt. Die angegebene Näherungsformel für die Abflusshöhe wurde vom Verfasser mit dem Verfahren der nichtlinearen Mehrfachregression (s. Kap. 6.4) bestimmt. In das Diagramm wurden zum Vergleich die aus dem Wasserhaushalt zweier unterschiedlicher deutscher Flussgebiete ermittelten Werte eingetragen. Es zeigt sich eine gute Übereinstimmung, die jedoch nicht grundsätzlich für alle Flussgebiete zu erwarten ist. In Einzelfällen können erhebliche Abweichungen auftreten. Die Beziehungen gelten ferner nicht für Einzeljahre, sondern nur für langjährige Mittelwerte.

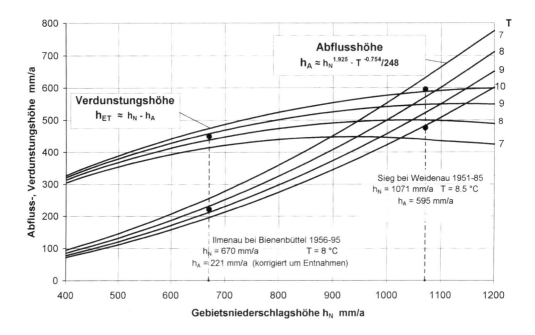

Bild 3-3 Bestimmung mittlerer jährlicher Verdunstungs- und Abflusshöhen aus Niederschlag und Temperatur, Kurven nach Wundt [35], Formeln durch Regression

Die Unterschiede von Jahr zu Jahr und die jahreszeitliche Varianz der Wasserhaushaltskomponenten hängen stark vom Klima und den geomorphologischen Verhältnissen ab. Für konkrete Untersuchungen und Planungen sind gemessene Daten verallgemeinernden Beziehungen vorzuziehen. Für die Verdunstung kann eine Unterteilung der langjährigen Mittelwerte proportional zu der aus Klimadaten zu berechnenden potenziellen Verdunstung (Evapotranspiration) erfolgen (s. Kap. 5).

Bild 3-4 zeigt zum Vergleich den mittleren Jahresgang in Monatswerten für je ein Einzugsgebiet im relativ ausgeglichenen Klima Mitteleuropas und in Nordost-China mit starker jahreszeitlicher Prägung. Das hydrologische Jahr in den verschiedenen Ländern stimmt oft nicht mit dem Kalenderjahr überein. Beginn und Ende werden in eine Jahreszeit mit möglichst geringer hydrologischer Variation verlegt. In Deutschland wurde das Intervall November bis Oktober festgelegt.

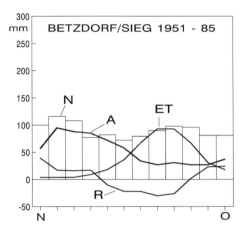
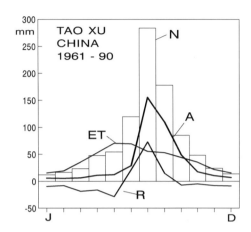

Bild 3-4 Wasserhaushalt in unterschiedlichen Klimazonen, mittlere Monatswerte

Die Komponenten und Prozesse des Wasserkreislaufes müssen für eingehendere Betrachtungen, wie in Bild 3-2 schematisch dargestellt, weiter unterteilt werden:

Niederschlag	Regen, Tau, Schnee, Hagel usw.
Interzeption	Anteil des Niederschlages, der von der Vegetation aufgefangen, zurückgehalten und direkt wieder verdunstet wird
Transpiration	Verdunstung aus Pflanzenorganismen (Blattflächen)
Evaporation	Verdunstung von Wasserflächen und unbewachsenem Boden
Evapotranspiration	Gesamtverdunstung (Evaporation und Transpiration) von einer Fläche
Oberflächenabfluss	an der Bodenoberfläche und in Gewässern abfließendes Wasser, schnellste Abflusskomponente
Zwischenabfluss	(Interflow) Teil des Abflusses, der sich durch die ungesättigten Bodenschichten zwischen Grundwasser und Oberfläche bewegt, langsamer als der Oberflächenabfluss
Grundwasserabfluss	(grundwasserbürtiger Abfluss, Basisabfluss), Teil des Abflusses, der dem Gewässer mit größerer Verzögerung aus dem Grundwasserspeicher zufließt

Oberflächenabfluss und Zwischenabfluss bilden zusammen als schnell abfließender Direktabfluss einen größeren Anteil des Hochwasserabflusses. Der Abfluss aus dem Grundwasserspeicher sorgt auch in Zeiten ohne Niederschlag für Wasser in den Flüssen, den sog. Trockenwetter- oder Basisabfluss.

Während in Bild 3-4 mittlere Monatswerte gezeigt werden, deren Ganglinien durch die Wahl des großen Zeitschrittes und die Mittelung bereits stark geglättet sind, stellt Bild 3-5 das Niederschlags-Abfluss-Geschehen in kürzeren Zeitschritten, etwa in Stunden, dar. Der Begriff *Durchfluss* wird für den Abfluss durch einen Gewässerquerschnitt, z. B. an einer Messstelle verwendet.

Das Wort *Ganglinie* bezeichnet allgemein die Aufzeichnung einer *Zeitreihe* oder Folge von Werten über der Zeit.

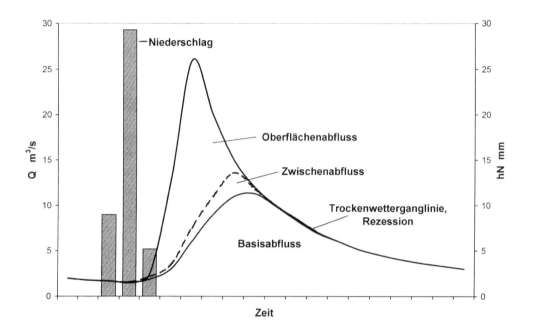

Bild 3-5 Niederschlag und Abflusskomponenten, schematische Ganglinienunterteilung

⇨ **Zum Wasserhalt von Einzugsgebieten siehe Übungsblatt 6.**

4 Messung und Gewinnung von Grunddaten

Die Größe der Komponenten des Wasserhaushalts variiert stark in Abhängigkeit von den örtlichen Eigenschaften der Erdoberfläche und vor allem vom Klima und seinen räumlichen und zeitlichen Schwankungen. Zur zuverlässigen Erfassung und Bewertung ist die langjährige, möglichst ununterbrochene Messung von Niederschlägen, Klimagrößen und Abflüssen an repräsentativen Standorten erforderlich.

4.1 Niederschläge

Die Messung der Niederschlagshöhe erfolgt in Messstationen mit meist kreiszylindrischen Messgefäßen. Die horizontale Auffangöffnung hat nach internationalem Standard eine Fläche von 200 cm². Sie soll sich 1 m über dem Erdboden befinden. Der Auffangtrichter muss so tief darunter angebracht sein, dass das Herausspritzen der Regentropfen verhindert wird und Schnee aufgenommen werden kann.

Niederschlagsmesser (Regenmesser, Pluviometer, Ombrometer), wie das von *Gustav Hellmann* 1886 in Preußen und später in ganz Deutschland eingeführte Gerät (Bild 4-1), sammeln den Niederschlag eines Tages oder eines anderen Zeitabschnittes in einer Sammelkanne. Zu festgesetzter Zeit, in Deutschland um 7.30 Uhr, wird der Inhalt in ein Messglas gegossen, die Niederschlagshöhe auf 0.1 mm genau abgelesen und unter dem Tagesdatum in das Messprotokoll eingetragen. Bei Schnee und Eis wird das Gerät nach Abdeckung zum Auftauen in einen frostfreien Raum gebracht.

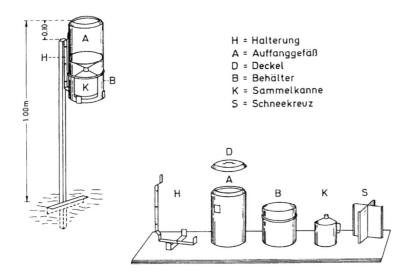

Bild 4-1 Niederschlagsmesser n. *Hellmann* und seine Bestandteile (DVWK 1991, [8])

Niederschlagsschreiber (Regenschreiber, Pluviographen, Ombrographen) werden oft als zusätzliches Messgerät zur kontinuierlichen Aufzeichnung der Niederschlagshöhe eingesetzt. In dem klassischen Niederschlagsschreiber nach *Hellmann* wird das Niederschlagswasser in einem Gefäß aufgefangen und der Anstieg des Wasserspiegels mittels eines *Schwimmers* auf eine Schreibvorrichtung übertragen. Bei richtiger Einstellung wird die Schwimmerkammer bei einer Füllung entsprechend 10 mm Niederschlagshöhe durch ein *Heber*rohr (Hydraulik) entleert, sodass Schwimmer und Schreibfeder auf ihre Ausgangshöhe zurückkehren. Als Aufzeichnung ergibt sich daher eine unterbrochene Summenlinie der Niederschlagshöhe (Bild 4-2). Übung 2 enthält ein Auswertungsbeispiel.

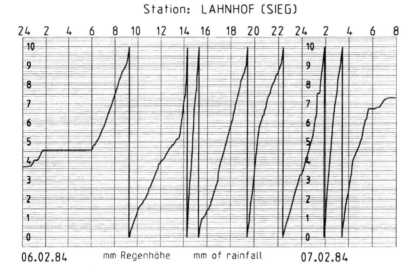

Bild 4-2 Aufzeichnung eines Niederschlagsschreibers nach *Hellmann* während eines Starkregenereignisses von insgesamt 73.6 mm

- Ein anderer häufiger Gerätetyp, der in den letzten Jahrzehnten Verbreitung fand, registriert die Entleerungen eines **Kippgefäßes „Wippe"** nach jeweils 0.1 oder 0.2 mm Niederschlag. Er eignet sich besonders für die elektronische Datensammlung (Datalogger) und Auswertung. Winterbetrieb ist durch Strom- oder Gasbeheizung möglich.
- Besonders geeignet für feste Niederschläge, jedoch kostspielig, sind **wägende Geräte**, die das Gewicht des Niederschlags registrieren.
- In Zukunft werden vermehrt berührungslose Niederschlagsschreiber, **Laser-Disdrometer**, zum Einsatz kommen: Regentropfen, Graupel, Schneeflocken usw. fallen durch einen Laserstrahl, der Durchmesser und Geschwindigkeit genau registriert.
- Seit den achtziger Jahren wird Niederschlag für die Vorhersage auch regional und über der Fläche durch **Wetterradar** gemessen. Es muss hier jedoch eine ständige Kalibrierung (Eichung) durch Bodenstationen erfolgen.

Niederschlagsmessstationen werden von Institutionen, Verbänden, Privatpersonen und in Deutschland insbesondere vom Deutschen Wetterdienst DWD betrieben. Wichtige Niederschlags- und Klimadaten sind in den *Deutschen Meteorologischen Jahrbüchern* veröffentlicht.

4.1 Niederschläge

Für die Aussagefähigkeit der Messdaten ist neben der sorgfältigen, nicht unterbrochenen Durchführung der Messungen und der Wartung der Geräte vor allem die Wahl des Aufstellungsortes maßgeblich. Dieser sollte so gewählt werden, dass er als repräsentativ für das betrachtete Gebiet gilt. Die Nähe von Hindernissen, wie Bäume oder Gebäude, und erhöhter Windeinfluss, z. B. durch die Installation auf einem Dach, soll vermieden werden.

Verluste durch Benetzung und Verdunstung, sowie die Beeinflussung des Windfeldes um das in 1 m Höhe angebrachte Gerät (Bernoulli-Effekt) führen zu einer systematischen Mindermessung insbesondere bei Wind und leichten Niederschlägen. Untersuchungen von Richter [25] zeigen, dass die Messwerte in Deutschland und der Welt im Durchschnitt zwischen 8 und 15 % zu niedrig sind. Bei genaueren Berechnungen, Wasserbilanzen und Ähnlichem ist eine Korrektur der Messwerte erforderlich. Korrekturwerte für Deutschland enthält Tabelle 4-1.

Tabelle 4-1 Jahresgang des mittleren prozentualen Niederschlagsmessfehlers, gebietsweise zusammengefasst (nach Richter, DWD, 1995 [25]). Gemessene Niederschlagshöhen müssen zur Korrektur entsprechend vergrößert werden.

GEBIET		JAN	FEB	MÄR	APR	MAI	JUN	JUL	AUG	SEP	OKT	NOV	DEZ	JAHR
I	a	22,8	23,6	20,0	16,0	12,0	10,3	10,5	10,3	11,5	13,6	16,2	18,9	14,9
	b	17,3	17,9	15,5	13,6	10,8	9,2	9,4	9,3	10,2	11,2	12,9	14,6	12,3
	c	13,4	13,7	12,6	11,6	9,8	8,4	8,5	8,4	9,1	9,7	10,6	11,6	10,4
	d	9,5	9,6	9,4	9,4	8,5	7,3	7,5	7,3	7,8	7,8	8,0	8,4	8,2
II	a	27,5	29,0	23,6	18,2	12,3	10,3	10,5	10,5	12,1	14,2	19,1	22,7	16,6
	b	20,5	21,5	17,8	15,0	10,9	9,3	9,4	9,5	10,9	11,6	15,0	17,3	13,5
	c	15,2	15,8	14,0	12,4	9,8	8,3	8,6	8,6	9,6	10,2	12,0	13,2	11,1
	d	10,3	10,7	10,0	9,6	8,5	7,3	7,5	7,5	8,2	8,2	8,7	9,2	8,6
III	a	31,6	33,5	26,9	18,3	12,5	10,4	10,8	10,5	12,6	15,5	21,8	26,5	18,2
	b	23,3	24,5	20,3	15,1	11,1	9,8	10,0	9,5	11,5	12,7	16,8	19,8	14,6
	c	17,3	17,9	15,5	12,7	10,1	8,8	9,1	8,5	10,2	11,0	13,3	15,0	12,0
	d	11,5	11,8	10,7	10,0	8,6	7,7	8,0	7,5	8,7	8,8	9,5	10,3	9,3
IV	a	31,7	30,5	25,6	18,8	10,4	8,1	7,9	8,2	9,6	13,4	21,3	26,9	15,4
	b	23,0	22,2	19,4	15,0	9,0	7,2	7,1	7,3	8,6	10,6	16,0	19,7	12,2
	c	16,2	15,7	14,3	11,9	8,0	6,5	6,3	6,6	7,7	8,8	12,1	14,4	9,7
	d	10,6	10,2	9,6	8,7	6,7	5,7	5,6	5,8	6,5	6,8	8,3	9,5	7,3

a - freie, b - leicht, c - mäßig, d - stark geschützte Stationslage

Gebiet I: Westlicher Teil des Norddeutschen Tieflandes einschließlich Schleswig-Holstein und Rheintal, Südwestdeutschland ohne westliches Saarland und Schwarzwald

Gebiet II: Mittlerer Teil des Norddeutschen Tieflandes sowie westliche Mittelgebirge von der Eifel bis zum Westharz und der Bereich zwischen Frankenhöhe, Steigerwald und Oberpfälzer Wald bis NN + 700 m

Gebiet III: Östlicher Teil des Norddeutschen Tieflandes und östliche Mittelgebirge bis 700 m üNN

Gebiet IV: Alpenvorland südlich der Donau einschließlich tiefere Lagen der Alpen sowie Schwäbische Alb und Bayrischer Wald bis NN + 1000 m

4.2 Gebietsniederschlag

Die in verschiedenen Stationen eines Gebietes gemessenen Niederschlagshöhen (Punktniederschläge) weisen ereignisbedingt und standortbedingt (Meereshöhe, Luv-/Leehang, Entfernung von der Küste usw.) Unterschiede auf. Zur Ermittlung der räumlichen Verteilung und des mittleren *Gebietsniederschlages* müssen in Abhängigkeit von Gebietsgröße, Topografie und Klimatyp mehrere Stationen herangezogen werden [4, 10, 11, 17, 21].

Isohyeten oder Niederschlagsgleichen (griech: ισιος, isios, gleich, υετος, hyetos, Regen) werden ähnlich wie die Höhenlinien topografischer Karten durch Interpolation zwischen den Stationswerten ermittelt. Dabei sind jedoch die geografischen Einflüsse, insbesondere der Topografie zu berücksichtigen. Bei den Niederschlagsgleichen der Lüneburger Heide in Bild 4-3 zeigt sich eine deutliche Zunahme mit der Höhe und eine Abnahme von Westen nach Osten. Die Zusammenhänge werden in Abschnitt 6.4, Regression und Korrelation behandelt.

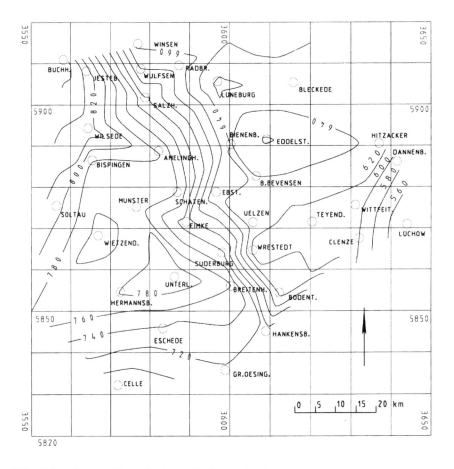

Bild 4-3 Niederschlagsgleichen (Isohyeten) der *gemessenen* mittleren jährlichen Niederschlagshöhen 1976-91 von 37 Stationen in der Lüneburger Heide (Daten: Deutsche Meteorologische Jahrbücher)

4.2 Gebietsniederschlag

Zur Ermittlung des Gebietsniederschlages wird die jeweils zwischen zwei Isohyeten und der Gebietsgrenze eingeschlossene Fläche dem Mittel aus den beiden Werten zugeordnet. Der Gebietsniederschlag ergibt sich dann als gewichteter Mittelwert:

$$\overline{h_N} = \sum_{i=1}^{n}(h_{N_i} \cdot A_i) / \sum_{i=1}^{n} A_i \tag{4.1}$$

P o l y g o n e nach Thiessen sind eine andere Methode zur Bildung gewichteter Mittelwerte aus den Niederschlagshöhen verschiedener Stationen in einem Gebiet. Die **Mittelsenkrechten auf den Verbindungslinien benachbarter Stationen bilden Polygone,** deren Flächen innerhalb des betrachteten Gebietes die Gewichte für die Niederschläge der darin liegenden Stationen ergeben. Der Gebietsniederschlag wird sinngemäß nach Gleichung 4.1 berechnet. Bild 4-4 zeigt die Thiessen-Polygone für Stationen im Einzugsgebiet der Ilmenau.

⇨ **Siehe Übung 2.**

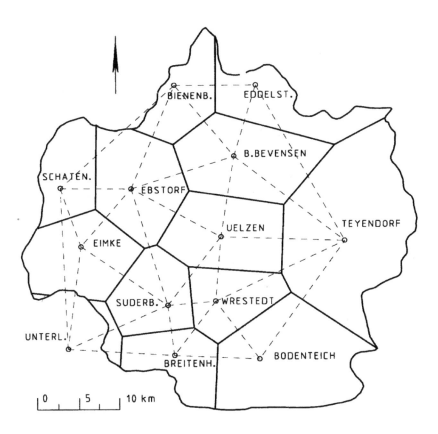

Bild 4-4 Thiessen-Polygone für Niederschlagsstationen im Einzugsgebiet der Ilmenau

Isohyeten zeigen anschaulich die Niederschlagshöhen in ihrer geografischen Verteilung für den gewählten Zeitraum. Ihre Erstellung erfordert jedoch eine größere Anzahl von Stationen und Zusatzinformationen und muss für jeden Betrachtungszeitraum erneut durchgeführt werden. Polygone sind bei gleicher Stationswahl für alle Zeitintervalle oder Niederschlagsereignisse gültig.

4.3 Meteorologische und klimatologische Daten

Für die Bestimmung der Evapotranspiration und für viele andere Bemessungsaufgaben werden Klimadaten in meteorologischen Stationen gemessen. Die Stationen sollen sich an Orten befinden, an denen die Bedingungen typisch für das Einzugs- oder Projektgebiet sind und nicht durch Hindernisse wie Bäume, Gebäude oder andere Einflüsse gestört werden.

Die folgenden Daten werden in hydrometeorologischen Stationen erhoben:

Parameter	Symbol	Einheit	Instrumente	Aufstellung
Temperatur	T	°C	Thermometer, Thermograph	Thermometerhütte
Relative Luftfeuchte	U, rf	%	Hygrometer, Hygrograph Thermo-Hygrograph	2 m über Boden
Dampfdruck	e_a	hPa	Psychrometer	Thermometerhütte
Temperatur	T	°C		2 m über Boden
Windgeschwindigkeit	v	m/s	Anemometer, Anemograph	2 m über Boden
Sonnenscheindauer				
Globalstrahlung	s	h/d	Sonnenscheinschreiber	
Verdunstung	RG	W/m^2	Strahlungsschreiber, Pyranometer	
Luftdruck	E	mm/d	Verdunstungskessel, Atmometer	
	p_a	hPa	Barometer, Barograph	

Die Thermometerhütte ist ein Holzgehäuse zum Schutz vor Sonnenstrahlung, das bei vollem Schatten Luftdurchströmung gewährleistet. Die übliche Messhöhe ist 2 m über dem Erdboden.

4.3.1 Luftdruck, Dampfdruck und Luftfeuchte

Der atmosphärische Luftdruck wird durch das Gewicht der über der gedrückten Fläche befindlichen Luftsäule verursacht. Er hängt daher von der Dichte (Temperatur) und Feuchte der Luft und insbesondere von der Höhe ab. Der durchschnittliche **Luftdruck** auf Meereshöhe beträgt po = **1013 hPa** (1 hPa (Hektopascal) = 1 mb = 100 N/m²). Er entspricht damit etwa dem Druck in 10 m Wassertiefe. In der Troposphäre (bis ca. 10 km Höhe) nimmt der *mittlere Luftdruck* nach der folgenden Beziehung, die durch Regressionsrechnung aus Tabellenwerten bestimmt wurde, mit der Ortshöhe H (in m) näherungsweise ab:

$$pa(H) \approx 1013 - 0.221 \cdot H^{0.904} \text{ hPa} \tag{4.2}$$

Für eine Höhe von h_{NN} = 3000 m + NN bestimmt sich daraus der mittlere Luftdruck zu pa ≈ 705 hPa. Er hat damit nur noch ca. 70 % des Wertes auf Meereshöhe.

4.3 Meteorologische und klimatologische Daten

Die Aufnahmefähigkeit der Luft an Wasserdampf hängt nur von der Lufttemperatur ab. Der partielle Dampfdruck der Luft ist der Anteil des Luftdruckes, der durch den Wasserdampfanteil bewirkt wird (Teildruck = partieller Druck).

Der Sättigungsdampfdruck ist der partielle Druck des Wasserdampfes in einem Kontrollvolumen mit dampfgesättigter Luft der Temperatur T in °C. Der *Sättigungsdampfdruck* (über Wasser) wird nach der Magnus-Formel berechnet:

$$e_s = 6.11 \cdot 10^{(7.48 \cdot T/(237+T))} \quad \text{hPa} \tag{4.3}$$

Über Eisflächen ergeben sich etwas geringere Werte. Bei normalen Temperaturen ist der Sättigungsdampfdruck im Vergleich zum Luftdruck klein (z. B. bei $T = 20$ °C: $e_s = 23.3$ hPa). Für $T = 100$ °C errechnet sich dagegen ein Wert von $e_s = 1013$ hPa. Dieser Sättigungsdampfdruck entspricht dem mittleren Luftdruck auf Meereshöhe (Gl. 4.2), bei dem die Siedetemperatur (Siedepunkt) des Wassers bei $T = 100$ °C liegt. Es lässt sich feststellen:

> **Wasser siedet, wenn der Wasserdruck gleich dem Sättigungsdampfdruck ist!**
>
> An der Oberfläche des siedenden Wassers ist der Dampfdruck gleich dem Luftdruck.

Die Siedetemperatur des Wassers sinkt daher mit zunehmender Ortshöhe. Beispielsweise ist auf 3000 m Höhe bei einem Luftdruck von $p_a \approx 700$ hPa (Gl. 4.2) eine Siedetemperatur von ca. 90 °C zu erwarten, wie die Berechnung des Sättigungsdampfdruckes bestätigt:

$$e_s = 6.11 \cdot 10^{(7.48 \cdot 90/(237+90))} \approx 700 \text{ hPa!}$$

Vor der Entwicklung zuverlässiger barometrischer Höhenmesser wurde die Ortshöhe oft mit Hilfe von Siedethermometern ermittelt.

Beispiel: Der große deutsche Wissenschaftler und Forschungsreisende Alexander von Humboldt bestieg im Jahre 1802 den Vulkan Cotopaxi. Etwas unterhalb des Kraterrandes stellte er beim Wasserkochen eine Siedetemperatur von 80 °C fest. Auf welcher Höhe befand er sich etwa?

Rechnung: Luftdruck nach Gl. 4.2 = Sättigungsdampfdruck nach Gl. 4.3

$e_s \quad = 6.11 \cdot 10^{(7.48 \cdot T/(237+T))} = 6.11 \cdot 10^{(7.48 \cdot 80/(237+80))} = 472$ hPa

$e_s \quad = pa(H) = 1013 - 0.221 \cdot H^{0.904}$

$H^{0.904} = (1013 - 472) / 0.221$

$H \quad \approx 5609$ m

In wasserbaulichen Anlagen (Pumpenleitungen, Hebern, Pumpen, Turbinen, Hochwasserentlastungsanlagen usw.) können durch Saugvorgänge und große Strömungsgeschwindigkeiten (Bernoulli: die Druckhöhe vermindert sich um $v^2/2g$) sehr geringe Drücke auftreten. Bei falscher Bemessung kann es dadurch zum Sieden kalten Wassers in Leitungen und an Bauteilen kommen. Dampfblasen bilden sich, die bei einer kleinen Druckerhöhung wieder schlagartig zusammenfallen (Implosion). Die daraus entstehenden Belastungen (negative Druckstöße) führen zu Beschädigungen der Materialoberflächen (*Kavitation*) und anderen Störungen.

Die Differenz zwischen dem Sättigungsdampfdruck und dem tatsächlichem Dampfdruck der Luft, sowie die relative Luftfeuchte zeigen Aufnahmefähigkeit bzw. Sättigung der Luft mit

Wasserdampf an. Es sind wichtige Parameter für den Prozess der Verdunstung.

Der tatsächliche Dampfdruck ea der Luft kann mithilfe des **Psychrometers** ermittelt werden, das aus zwei Präzisionsthermometern besteht. Während das eine die Lufttemperatur T misst, ist das Zweite mit einem Baumwollgewebe überzogen, über das nach Befeuchtung, durch ein kleines, Aspirator genanntes Gebläse, für etwa 2 min Luft geleitet wird. Die Abkühlung durch den Entzug von Verdunstungswärme ist umso größer, je trockener die Luft ist.

Der partielle **Dampfdruck** der Luft wird nach der **Sprung**schen Formel aus der Lufttemperatur T und der Temperatur des feuchten Thermometers Tf bestimmt:

$$e_a = es(Tf) - 0.65 \cdot pa/po \cdot (T - Tf) \quad \text{hPa} \tag{4.4}$$

Die relative **Luftfeuchte** U oder rf ist der Quotient zwischen dem tatsächlichen Dampfdruck der Luft und dem Sättigungsdampfdruck:

$$U = ea / e_s \; 100 \quad \text{in \%} \tag{4.5}$$

Hinweis: Es heißt Luft**feuchte** und nicht Luftfeuchtigkeit! Das Wort Feuchte bezeichnet Wasser in Gasform, also Dampf, während Feuchtigkeit Wasser im flüssigen Zustand betrifft.

Beispiel einer Psychrometermessung in der Thermometerhütte. Messwerte:

Trockenes Thermometer	$T = 10\,°C$
Feuchtes Thermometer	$Tf = 8\,°C$
Sättigungsdampfdruck für Tf:	$e_s(Tf) = 6.11 \cdot 10^{(7.48 \cdot 8 / (237 + 8))} = 10.72$ hPa
Bei Messung auf Meereshöhe oder geringer Ortshöhe (pa -1013 hPa):	
Dampfdruck:	$e_a = 10.72 - 0.65 \cdot 1013/1013 \cdot (10-8) = 9.42$ hPa
Sättigungsdampfdruck für T:	$e_s(T) = 6.11 \cdot 10^{(7.48 \cdot 10 / (237 + 10))} = 12.27$ hPa
Relative Luftfeuchte:	$U = 9.42/12.27 \; 100 = 77\,\%$

Bei Messung in größeren Höhen hat das Korrekturglied pa/po in der Formel von Sprung Bedeutung. In „normalen" Lagen wird der Quotient oft gleich 1 gesetzt. Psychrometertafeln, mit denen die relative Luftfeuchte ohne Rechnung ermittelt werden kann, beziehen sich meist auf eine Höhe von 200 m.

Der **Thermo-Hygrograph** ist ein Gerät zur fortlaufenden Aufzeichnung der Temperatur und der relativen Feuchte der Luft über 1, 7 oder 31 Tage. Temperaturfühler ist ein Bimetall, die Luftfeuchte wird durch eine „Haarharfe" erfasst. Menschliche Haare dehnen sich mit zunehmender Feuchte. Die monatliche Regenerierung und Kalibrierung der Haarharfe, z. B. durch Umhüllen des Gerätes mit einem nassen Tuch, wonach sich eine relative Luftfeuchte $U \approx 100\,\%$ einstellt, ist erforderlich.

Die **absolute Luftfeuchte** oder Dampfdichte af gibt die in einem Luftvolumen enthaltene Wasserdampfmasse in g/m^3 an. Sie berechnet sich aus dem Dampfdruck e_a und der Temperatur T der Luft:

$$af = ea/(0.00462 \cdot (273 + T)) \quad \text{in } g/m^3 \tag{4.6}$$

Für das oben gegebene Beispiel mit $T = 10\,°C$ und ea = 9.42 hPa ergibt sich danach eine absolute Feuchte von $af = 9.42 / (0.00462 \cdot (273 + 10)) = 7.20\,g/m^3$.

Bei hohen Temperaturen und Luftfeuchten ergeben sich Werte, die in Regionen mit Wassermangel die Gewinnung von Wasser aus der Luft erwägenswert machen (z. B. Rotes Meer).

4.3 Meteorologische und klimatologische Daten

Da der Parameter relative Luftfeuchte von der Temperatur abhängt, unterliegt er wie diese insbesondere im Sommer starken Schwankungen, auch wenn der Wassergehalt der Luft, die absolute Feuchte, und der Dampfdruck sich nicht ändern. Die Berechnung dieser Werte aus Tages- oder Monatsmittelwerten von Temperatur und relativer Feuchte führt daher zu Verzerrungen. Für die meisten Berechnungszwecke sind direkte Messwerte des Dampfdruckes vorzuziehen. In Bild 4-5 sind die gemessenen Ganglinien der Globalstrahlung, der Temperatur und der relativen Luftfeuchte eines wolkenlosen Sommertages in Suderburg (52°54'N) mit ihrem starken sommerlichen Tag-Nacht-Zyklus gegeben. Die aus Temperatur und relativer Luftfeuchte berechneten Ganglinien des Dampfdruckes und der absoluten Feuchte zeigen den erwähnten wesentlich ausgeglichenen Verlauf.

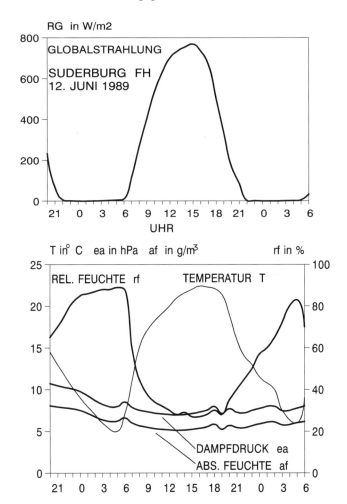

Bild 4-5 Klimagrößen an einem Sommertag in Suderburg

4.3.2 Globalstrahlung und Sonnenscheindauer

Die *Globalstrahlung* ist der an der Erdoberfläche ankommende Anteil der Strahlungsenergie der Sonne. Dieser Energieeintrag ist die eigentliche Ursache und Grundlage für Verdunstung, Wasserkreislauf, Wetter, Leben und andere dynamische Vorgänge auf der Erde. Je nach geografischer Breite, Bewölkung, Wetter, Jahres- und Tageszeit hat die Strahlungsleistung eine Größenordnung zwischen 0 und > 1000 W/m². Daten der Globalstrahlung sind Grundlage für die Ermittlung der Verdunstung, des Solarenergiepotenzials und für die Bauphysik. Die Globalstrahlung und oft auch die Rückstrahlung der Erdoberfläche werden mit Pyranometern oder Aktinographen gemessen und kontinuierlich aufgezeichnet. Der Sensor besteht aus schwarzen und weißen Flächensegmenten. Die unterschiedliche Erwärmung bei Sonnenbestrahlung wird elektrisch oder mechanisch in die Messsignale umgewandelt.

Die Anschaffung und der Betrieb der Geräte sind aufwendig. Daher wird oft hilfsweise die tägliche Sonnenscheindauer, d. h. die Anzahl der Stunden ohne Bewölkung, gemessen. Bei dem Sonnenscheinschreiber nach Campbell-Stokes wird die Strahlung durch eine als Brennglas wirkende Glaskugel auf einen Kartonstreifen fokussiert, auf dem sich bei Sonnenschein eine Spur einbrennt. Aus dem Quotienten zwischen der tatsächlichen und der ohne Bewölkung maximal möglichen Sonnenscheindauer (Tabelle 5-3) sowie der an der Atmosphäre eintreffenden extraterrestrischen Strahlung (Tabelle 5-2) kann über empirische Beziehungen die Globalstrahlung geschätzt werden (s. 5. Verdunstung).

4.3.3 Windgeschwindigkeit

Die Windgeschwindigkeit als Parameter des Lufttransportes und damit des Abtransportes von Wasserdampf ist eine wichtige Größe bei der Ermittlung der Verdunstung. Sie ist außerdem entscheidend bei der Windenergiegewinnung und spielt eine wesentliche Rolle als Belastungsgröße von Bauteilen. Die üblichen Geräte messen die Windgeschwindigkeit aus den Umdrehungen eines Windrades mit senkrechter Achse und drei halbkugelförmigen Schaufeln „Schalenstern". Es wird unterschieden:

a. Windmesser, Anemometer (griech: $\alpha\nu\varepsilon\mu o\varsigma$, anemos, Wind), auch Windwegmesser. Ein Zählwerk gibt den zurückgelegten Windweg in hm an. Division durch die entsprechende Zeitspanne ergibt die mittlere Windgeschwindigkeit in m/s.

b. Windschreiber, Anemograph. Hier wird die Summenlinie des Windweges kontinuierlich aufgezeichnet. Die Windgeschwindigkeit zu jedem Zeitpunkt und Mittelwerte für gewählte Zeitintervalle können hieraus bestimmt werden. Die Windrichtung (Herkunftsrichtung des Windes), durch die Windfahne gemessen, wird ebenfalls über die Zeit aufgezeichnet.

Neben mechanisch registrierenden Geräten gibt es zunehmend solche mit elektronischen Messwertaufnehmern.

Die Windgeschwindigkeit hängt von der Höhe über Grund ab, da sie von der Rauheit der Oberfläche abgebremst wird. Die Messhöhe für hydroklimatologische Zwecke sollte 2 m über dem Erdboden sein. In anderen Höhen h_0 gemessene Windgeschwindigkeiten v_0 lassen sich näherungsweise unter Annahme eines Windprofils nach Prandtl in Werte v_i für Höhen h_i umrechnen:

$$v_i = \left(\frac{h_i}{h_0}\right)^{kw} \cdot v_0 \qquad (4.7)$$

4.4 Wasserspiegelhöhen und Durchflüsse

Der Exponent *kw* ist von der Rauheit der Erdoberfläche am Messort abhängig. Für die Bedingungen an Messstationen (Gras, Wiese) wird meist ein Wert von *kw* = 1/7 = 0.14 angenommen.

Beispiel: Windgeschwindigkeit v_o = 4 m/s gemessen in h_o = 10 m Höhe.
$v_2 = 4.0 \cdot (2/10)^{1/7}$ 3.2 m/s in 2 m Höhe

Für glatte Wasserflächen gilt *kw* ≈ 0.1, einzelne Bäume 0.2, Städte und Wald bis über 1.

Da die Rauheit von den örtlichen Gegebenheiten, Topografie, Bewuchs, Bebauung usw., abhängt, wird auch, insbesondere bei Windenergiefragen die Geschwindigkeit des geostrophischen Windes auf dem Druckniveau von 850 hPa, d. h. in ca. 1500 m +NN zugrunde gelegt. Diese wird seit Langem mehrmals täglich vom Deutschen Wetterdienst mit Hilfe von Wetterballons gemessen. Die Rechnung mit Gl. 4.7 zeigt, dass in 2 m Höhe nur noch etwa 40 % der geostrophischen Windgeschwindigkeit zu erwarten sind.

4.4 Wasserspiegelhöhen und Durchflüsse

Zur Ermittlung des Durchflusses durch Gewässerquerschnitte und des Abflusses von Einzugsgebieten werden die Höhen des Wasserspiegels, die *Wasserstände*, in *Pegel*stationen beobachtet. Durch Abflussmessungen lassen sich Beziehungen zwischen Wasserstand und Durchfluss (Abflusskurven, Pegelkurven) finden.

4.4.1 Pegelstationen

Der wesentliche Bestandteil eines Pegels ist die Pegellatte, die senkrecht oder auch geneigt am Ufer angebracht ist, sodass der Wasserspiegel hier nicht beeinflusst wird und leicht abgelesen werden kann. Der Wasserstand über dem Pegelnull des Lattenpegels wird meist einmal am Tag zur gleichen Zeit in cm abgelesen.

Bei kleineren Flüssen und besonders bei Hochwasser können schnelle Wasserstandsänderungen eintreten, die bei einer Ablesung am Tag nicht erfasst werden. Ein Maximumpegel, bei dem bis zum höchsten aufgetretenen Wasserstand ein Farbband ausgewaschen wird, kann hilfreich sein. Zweckmäßiger ist die Installation eines Schreibpegels als Zusatzeinrichtung.

Die größte Verbreitung hat noch immer der von Hellmann eingeführte **Schwimmerpegel**, bei dem die Wasserstandsbewegung über einen Schwimmer erfasst wird, der sich in einem Schacht oder Rohr befindet (Bild 4-7). Modernere Messsonden, die weniger Baumaßnahmen erfordern und die elektronische Datenaufzeichnung erleichtern, sind **Drucksonden** und **Einperlpegel**. Sie ermitteln den Wasserstand aus dem auf Pegelnull gemessenen hydrostatischen Wasserdruck, von dem der auf der Wasseroberfläche lastende Luftdruck subtrahiert wird. In Zukunft werden **berührungslose Geräte**, die den Wasserstand von einem darüber liegenden Punkt, z. B. einer Brückenunterseite, durch **Radar** messen, vermehrt eingesetzt werden.

Die Wasserstandsganglinien werden auf einem Papierbogen oder -streifen für den Zeitraum von Tagen, Wochen oder Monaten aufgezeichnet, digital in Dataloggern abgespeichert oder fern übertragen. Weitere Einzelheiten finden sich in der Pegelvorschrift [18, 8].

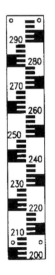 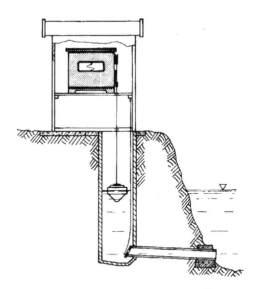

Bild 4-6 Pegellatte **Bild 4-7** Schreibpegel, klassischer Schwimmerpegel

4.4.2 Durchflussmessungen

An Pegeln werden *Wasserstände* gemessen. Um hieraus die entsprechenden *Durchflüsse* zu bestimmen, müssen die Beziehungen zwischen den beiden Größen an der Messstelle bekannt sein. Hierzu dienen Durch- oder Abflussmessungen, bei denen die Fließgeschwindigkeit in einer ausreichenden Anzahl von Messlotrechten in verschiedenen Tiefen gemessen wird.

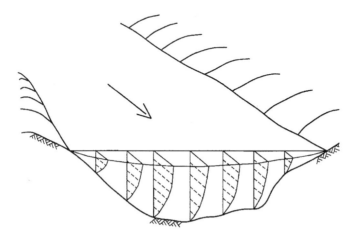

Bild 4-8 Geschwindigkeitsverteilung und -profile im Durchflussquerschnitt

4.4 Wasserspiegelhöhen und Durchflüsse

Durch Integration der Geschwindigkeiten über die durchströmte Querschnittsfläche (Gl. 4.9) ergibt sich der zum aktuellen Wasserstand w gehörende Durchfluss Q. In jeder Lotrechten nimmt die Fließgeschwindigkeit von 0 an der Sohle mit der Höhe parabolisch zu (Prandtl-Profil). Sie ist daher in der Mitte des Querschnitts und nahe der Oberfläche am größten (Bild 4-8).

Mit dem hydrometrischen Flügel wird n einem Messintervall, das nicht kürzer als 20 s sein sollte, registriert und daraus die Strömungsgeschwindigkeit bestimmt. Für jedes Gerät ist hierfür eine Gleichung des folgenden Typs vom Hersteller kalibriert:

$v = n \cdot a + b$ in m/s (4.8)

v Fließgeschwindigkeit in m/s
n Umdrehungsfrequenz in 1/s
a, b Koeffizienten

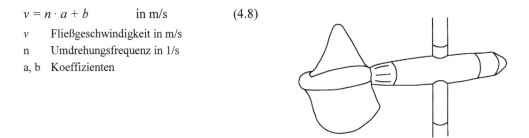

Bild 4-9 Klassisches Gerät: Messflügel an Stange

Für Messungen in kleineren Flüssen, bei Wassertiefen unter 1,5 m und Geschwindigkeiten unter 2 m/s, kann bei Vorhandensein einer Messbrücke der Messflügel an einer Stange befestigt werden, die skaliert ist und dadurch die gleichzeitige Messung von Wassertiefe und Messtiefe erlaubt (Stangenflügel). Die Umdrehungen werden von einem Zählgerät registriert. Bei größeren Tiefen und höheren Geschwindigkeiten werden Flügel eingesetzt, die, mit einem Gewicht beschwert, an einem Drahtseil mit einer Winde von einer Brücke, einem Boot oder einer flussüberspannenden Seilkrananlage in den Messquerschnitt gebracht werden (Schwimmflügel).

4.4.3 Auswertung von Abflussmessungen

Um den Durchfluss durch den Querschnitt zu bestimmen, müssen die Geschwindigkeiten aller Punkte über die Tiefe h und die Breite b integriert werden:

$$Q = \int_0^b \int_0^h v \, dh \, db \quad \text{in m}^3/\text{s} \quad (4.9)$$

In der Praxis wird diese Arbeit in zwei Schritten ausgeführt. Die Auftragung der Punktgeschwindigkeiten an einer Messlotrechten i ergibt ein Geschwindigkeitsprofil. Die davon eingeschlossene Geschwindigkeitsfläche f_{vi} lässt sich durch Planimetrieren oder mit der folgenden Gleichung ermitteln:

$$f_{vi} = \frac{v_0 + v_1}{2} \cdot h_1 + \frac{v_1 + v_2}{2} \cdot h_2 + \dots \quad \text{in m}^2/\text{s} \quad (4.10)$$

Diese Fläche entspricht dem Wert des inneren Integrals von G. 4.9 über h. Die erhaltenen Werte der Geschwindigkeitsflächen werden nun über der Breite des Wasserspiegels an den Stellen der Messlotrechten aufgetragen und verbunden. Die eingeschlossene Fläche entspricht dem Wert des äußeren Integrals über b. Der Durchfluss Q in m³/s ergibt sich folglich durch Planimetrieren oder durch Aufsummieren der Teilflächen:

$$Q = \frac{f_{vo} + f_{v1}}{2} \cdot b_1 + \frac{f_{v1} + f_{v2}}{2} \cdot b_2 + \ldots \quad \text{in m}^3/\text{s} \tag{4.11}$$

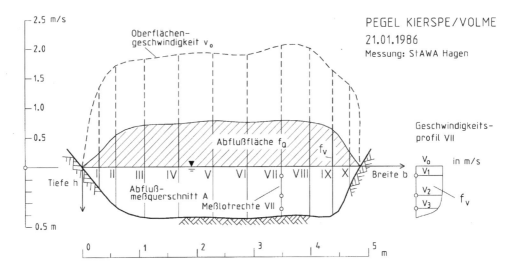

Bild 4-10 Auswertung einer Abflussmessung vom Oberlauf der Volme (Ruhr)

Bei der vereinfachten **Zweipunktmethode** werden in jeder Lotrechten die Geschwindigkeiten nur in 20 und 80 % der Tiefe gemessen. Der Mittelwert ist näherungsweise die mittlere Geschwindigkeit. Multipliziert mit der Wassertiefe an dieser Lotrechten ergibt sich die Geschwindigkeitsfläche f_{vi} [8, 18].

⇨ s. auch Übungsblatt 3.

4.4.4 Neuere Sensoren und Sonderverfahren

Anstelle von Messflügeln werden heute auch **induktive Geschwindigkeitsmesser** verwendet. Bei Wassertiefen bis ca. 60 cm erlaubt der **Tauchstab nach Jens** die schnelle Ermittlung der mittleren Geschwindigkeit in einer Lotrechten. Schwimmermessungen ergeben schnelle Näherungen der mittleren Strömungsgeschwindigkeit.

Verdünnungsverfahren ermöglichen Durchflussmessungen auch bei starker Turbulenz und unregelmäßigem Querschnitt oder schnell wechselndem Abfluss (Gebirgsbäche, Wadis) [8, 18]. Hierbei wird am oberen Querschnitt einer Messstrecke eine starke Lösung von Salz oder eines anderen Tracers in das Gewässer gegeben und sodann die Durchgangzeit durch den unteren Querschnitt mittels Konzentrationsmessung bestimmt.

Genaue, direkte Durchflussmessungen erlauben **Messwehre** (Hydraulik). Wegen hoher Kosten und anderer Nachteile, insbesondere der Störung der Durchgängigkeit der Gewässer, sind solche Bauwerke jedoch nur selten realisierbar.

Zunehmende Bedeutung, insbesondere in größeren Flüssen erhält die integrative Messung des Durchflusses nach dem **akustischen Doppler-Messprinzip (ADCP)**.

4.4.5 Pegelkurven

Nachdem für eine Pegelstelle Durchflussmessungen für die verschiedenen Wasserstände von Niedrigwasser bis Hochwasser durchgeführt wurden, ist es möglich, nach Auftragen eine Ausgleichskurve, die mittlere *Beziehung zwischen Wasserstand und Durchfluss,* zu entwerfen. Bild 4-11 zeigt die *Pegelkurve* für den Pegel Niederdielfen/Weißbach, deren Messpunkte eine sehr kleine Streuung aufweisen. Mit dieser Kurve oder der entsprechenden Zahlentafel (*Durchflusstafel*) lässt sich für jeden Wasserstandswert der zugehörige Durchflusswert ermitteln. Bei Veränderung des Messquerschnitts z. B. durch Erosion oder Sedimentation muss die Beziehung erneut ermittelt werden.

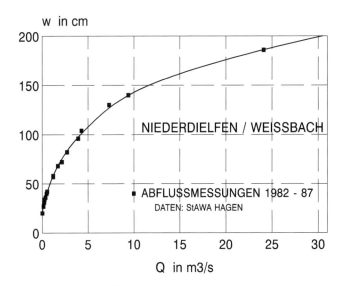

Bild 4-11 Pegelkurve

Vor allem in Flachlandgewässern in landwirtschaftlichen Gebieten ist der Abfluss jahreszeitlich sich ändernden Einflüssen durch *Verkrautung* (Wasserpflanzen) ausgesetzt. In Niedersachsen wird dieses durch das *η-Verfahren* (eta-Verfahren) [13] berücksichtigt. Für jeden Pegel werden aus den Ergebnissen vieler Durchflussmessungen zu unterschiedlichen Jahreszeiten und Krautwuchszuständen zwei Hüllkurven konstruiert. Die Umhüllende der Durchflussmaxima (Q_0-Kurve) steht für ungehemmte Durchflüsse, wie sie insbesondere in den Wintermonaten ohne Krautwuchs auftreten. Die Umhüllende der Minima (Q_h-Kurve) bezeichnet die Durchflüsse bei stärkster Verkrautung. Die maximale Abflusshemmung ergibt sich in Abhängigkeit vom Wasserstand w als Differenz der beiden Kurven:

$$\Delta Q = Q_0 - Q_h \tag{4.12}$$

Aus den beobachteten täglichen Wasserständen w werden die Durchflüsse als Maximaldurchflüsse abzüglich der aktuellen Abflusshemmung $\eta \cdot \Delta Q$ bestimmt:

$$Q_w = Q0_{,w} - \Delta Q w \tag{4.13}$$

Der aktuelle Beiwert η wird etwa monatlich durch Abflussmessung und Umkehrung der Gleichungen 4.12 und 4.13 ermittelt und für die Zwischenzeit interpoliert.

Die Verkrautung unterliegt einer starken jahreszeitlichen Schwankung. Der monatliche Wert η_i lässt sich, wenn das Kraut nicht entfernt wird, recht genau aus der Lufttemperatur T_i und dem Wert des Vormonats η_{i-1} nachrechnen. Bild 4-12 zeigt als Beispiel das Ergebnis einer linearen Zweifachregression (s. auch Abs. 6.4.3) für den Pegel Süttorf/Neetze, Landkreis Lüneburg. Der Variationskoeffizient VK (mittlere Abweichung) zwischen den η-Werten der Durchflussmessungen und den berechneten beträgt 9 Prozent.

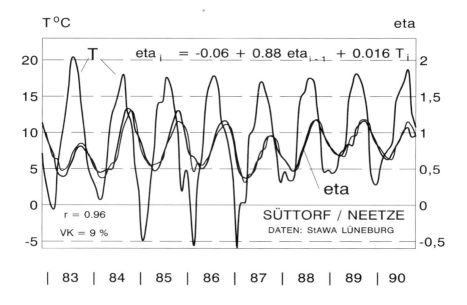

Bild 4-12 Lufttemperatur T (Lüneburg) und η-Wert (Verkrautung), Pegel Süttorf/Neetze

5 Verdunstung

5.1 Berechnung der Verdunstung von Wasserflächen, Dalton-Formel

Zur Ermittlung der Verdunstung von Wasser- und Landflächen sind zahlreiche empirische und physikalisch begründete Ansätze entwickelt worden DVWK, 1991, 1996, DVWK-ATV, 2002. Die folgende Form der Aerodynamischen oder Daltonformel, hat sich zur Bestimmung der Verdunstung von Wasserflächen (am besten in mittleren Monatswerten) gut bewährt (Wittenberg, 1986):

$$E = b \cdot v \cdot (e_s - e_a) \quad \text{mm/d} \tag{5.1}$$

b Windfaktor nach Bild 5-1
v mittlere Windgeschwindigkeit in m/s in 2 m Höhe
e_s Sättigungsdampfdruck bei Temperatur Tw der Wasseroberfläche in hPa
e_a tatsächlicher Dampfdruck bei Lufttemperatur T

Daten gemessen in Landstationen (Luvseite) oder auch vor Entstehung der Wasserfläche (z. B. Talsperre).

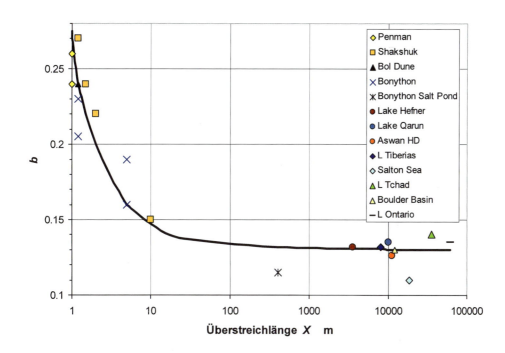

Bild 5-1 Beziehung zwischen Windfaktor b und Überstreichlänge x (Wittenberg [29])

Die Verdunstung ist also eine Funktion des Sättigungsdefizits der Luft an Wasserdampf und der Windgeschwindigkeit. Wie Bild 5-1 zeigt, sinkt die Verdunstung mit zunehmender Überstreichlänge x des Gewässers in Windrichtung, da die Luft sich auf dem Wege zunehmend mit Wasserdampf anreichert.

Beispiel: $v_2 = 3$ m/s, $T = 20$ °C, $Tw = 19$ °C, rf = 50 % (Monatsmittel)
$e_s = 6.11 \cdot 10^{(7.48 \cdot 19/(237+19))}$ = 21.9 hPa
$e_a = 6.11 \cdot 10^{(7.48 \cdot 20/(237+20))} \cdot 0.50$ = 11.7 hPa
See, Überstreichlänge 1000 m (Bild 5-1) $b \approx 0.135$
$E = 0.135 \cdot 3 \cdot (21.3 - 11.7)$ = 3.9 mm/d

5.2 Ermittlung der potenziellen Evapotranspiration

Potenzielle Evapotranspiration ist definiert als die maximale Verdunstungshöhe, die unter gegebenen Klimabedingungen erzielt wird, unter der Voraussetzung, dass genügend Wasser verfügbar ist. In den unterschiedlichen Formeln und Ansätzen (DVWK, 1991, 1996, ATV-DVWK, 2002) werden folgende Klimaparameter verwendet:

T Lufttemperatur in °C

v Windgeschwindigkeit in m/s gemessen in 2 m Höhe

ea Dampfdruck in hPa oder U relative Luftfeuchte in %;

s Sonnenscheindauerin h/d

RG Globalstrahlung in W/m²

In den meisten Anwendungsfällen werden die Berechnungen für Monatswerte ausgeführt.

5.2.1 Berechnung der potenziellen Evapotranspiration nach *Haude*

Dieses einfache Verfahren [9] wurde in Deutschland entwickelt und benötigt nur Werte der Lufttemperatur T und der relativen Luftfeuchte U um 14 h, wie sie in vielen Stationen der Welt gemessen werden. Trotz der Einfachheit sind in gemäßigten Klimazonen recht brauchbare Ergebnisse zu erwarten.

$$ET_p = f_{mon} \cdot (es_{14} - ea_{14}) \quad \text{mm/d} \tag{5.2}$$

es_{14} Sättigungsdampfdruck der Luft in hPa um 14 h, es = $6.11 \times 10^{(7.48 \times T/(237+T))}$

ea_{14} Dampfdruck der Luft in hPa um 14 h, ea = U; es

Tabelle 5-1 Empirische Monatsfaktoren f_{mon} in mm/(d · hPa) nach Haude für kurzes Gras

	Jan	Feb	Mär	Apr	Mai	Jun	Jul	Aug	Sep	Okt	Nov	Dez
f_{mon}	0.22	0.22	0.22	0.29	0.29	0.28	0.26	0.25	0.23	0.22	0.22	0.22

Beispiel: $T_{14} = 20$ °C; U14 = 50 % Monat: Juni, f = 0.28
es_{14} = 23.3 hPa ea_{14} = 0.50; 23.3 = 11.6 hPa
$ET_{pHAUDE} = 0.28; (23.3 - 11.6) = 3.5$ mm/d

5.2.2 Verfahren nach *Penman*

Das Kombinationsverfahren nach Penman, 1948 [1, 9] verbindet das aerodynamische Verfahren (rechter Term des Zählers von Gl.5.3) mit der Berechnung über den Strahlungshaushalt (linker Term):

$$ETp = \frac{\Delta \cdot EH + \gamma \cdot f(v) \cdot (es - ea)}{\Delta + \gamma} \quad \text{in mm/d} \tag{5.3}$$

$\Delta = es \cdot 4032/(237 + T)^2$ Steigung der Sättigungsdampfdruckkurve in hPa/K

$\gamma = 0.65$ hPa/K   Psychrometerkonstante

$EH = (RG \cdot (1-r) - I)/28.3$ Nettostrahlungsäquivalent mm/d

Wenn Globalstrahlungsdaten *RG* nicht verfügbar sind, werden die Werte aus der mittleren täglichen Sonnenscheindauer *s* geschätzt:

$$RG = (0.19 + 0.55 \cdot s/S) \cdot RE \quad \text{in W/m}^2 \tag{5.4}$$

RE   extraterrestrische Strahlung (Sonnenstrahlung, die die Atmosphäre erreicht in W/m²) (Tabelle 5-2)

S   maximal mögliche Sonnenscheindauer in h/d in diesem Monat (Tafel 5.3)

r   Reflektionskoeffizient, Albedo, der Oberfläche in Abhängigkeit von Boden und Vegetation (Tabelle 5-1)

f(v)   Windfunktion, z. B. $f(v) = 0.13 + 0.14 \cdot v$ mm d⁻¹ hPa⁻¹

Wenn v nicht in 2 m Höhe, sondern in x Metern über dem Boden gemessen wird, erfolgt die Umrechnung nach Gl. $v_2 = vx (2/x)^{1/7}$ (Gl. 4.7).

Die effektive Abstrahlung *I* ist die Differenz zwischen der Wärmeabstrahlung der Oberfläche und der Gegenstrahlung von Wolken und Atmosphäre (langwellige Strahlungsbilanz). Sie ist u. a. von der Temperatur, dem Wasserdampfgehalt der Luft und der Bewölkung abhängig.

$$I = 5.67 \cdot 10^{-8} \cdot (T+273)^4 \cdot (0.56 - 0.08 \cdot \sqrt{ea}) \cdot (0.1 + 0.9 \cdot s/S) \quad \text{W/m}^2 \tag{5.5}$$

Aufgrund der globalen Klimaänderung wird die Erwärmung der Atmosphäre durch den sog. Glashauseffekt durch die Verkleinerung der effektiven Abstrahlung erfolgen. Gleichung 5.5 müsste dann an die veränderten Verhältnisse angepasst werden.

Beispiel für die Berechnung der potenziellen Verdunstung nach Penman: Gebiet auf ca. 53°N, überwiegend Wiesen und Wälder, Juni: $T = 16$ °C $U = 70$ % $v_2 = 3$ m/s $s = 8$ h/d

Albedo (Tafel 5.1) :		$r \approx$	0.2
Extraterrestrische Strahlung (Tabelle 5.2) :		$RE =$	479 W/m²
Max. Sonnenscheindauer (Tabelle 5.3) :		$S =$	16.9 h/d
Sättigungsdampfdruck:	$es = 6.11 \cdot 10^{(7.48 \cdot 16/(237+16))}$	$=$	18.2 hPa
Dampfdruck:	$ea = 0.70 \cdot 18.2$	$=$	12.7 hPa
Globalstrahlung:	$RG = (0.19 + 0.55 \cdot 8.0/16.9) \cdot 479$	$=$	216 W/m²

Effektive Abstrahlung:

$I = 5.67 \cdot 10^{-8} \cdot (T + 273)^4 \cdot (0.56 - 0.08 \cdot \sqrt{ea}) \cdot (0.1 + 0.9 \cdot 8/16.9)$ = 57.2 W/m²

EH = (216 · (1-0.20) - 57.2)/28.3 = 4.08 mm/d Strahlungsäquivalent

Δ = $18{,}2 \cdot 4032/(237 + 16)^2$ = 1.15 hPa/K

$f(v)$ = 0.13 + 0.14 · 3.0 = 0.55 mm d^{-1} hPa^{-1}

$$ETp = \frac{1.15 \cdot 4.08 + 0.65 \cdot 0.55 \cdot (18.2 - 12.7)}{1.15 + 0.65} = 3.7 \text{ mm/d} \quad \text{Pot. Evapotranspiration}$$

Tabelle 5.1 a   Albedowerte (Rückstrahlkoeffizienten) für Böden in %

Vegetationslose Böden	Dunkle Böden	5–15
	Trockene Lehmböden	20–35
	Graue Böden	20–35
	Trockene, helle Sandböden	25–45
	Wüsten	30
Bewachsene Böden	Weizenfeld	10–25
	Wiese	15–25
	Trockene Steppe	20–30
	Tundra und Laubwald	15–20

Tabelle 5.1 b   Albedowerte (Rückstrahlkoeffizienten) für Wasserflächen in %

geogr. Breite	J	F	M	A	M	J	J	A	S	O	N	D
60°	20	16	11	8	8	7	8	9	10	14	19	21
50°	16	12	9	7	7	6	7	7	8	11	14	16
40°	11	9	8	7	6	6	6	6	7	8	11	12
30°	9	8	7	6	6	6	6	6	6	7	8	9
20°	7	7	6	6	6	6	6	6	6	6	7	7
10°	6	6	6	6	6	6	6	6	6	6	6	7
0°	6	6	6	6	6	6	6	6	6	6	6	6

5.2 Ermittlung der potenziellen Evapotranspiration

Tabelle 5.2 Extraterrestrische Strahlung *RE*, mittlere Monatswerte in W/m²

Geogr. Breite	Jan	Feb	Mär	Apr	Mai	Jun	Jul	Aug	Sep	Okt	Nov	Dez
0° N	425	439	444	433	408	393	399	419	433	436	427	419
10° N	374	402	433	444	439	433	433	439	433	416	385	365
30° N	249	303	371	430	467	481	475	444	393	328	269	235
40° N	181	243	323	405	464	490	473	430	354	272	198	161
46° N	135	198	289	382	452	483	467	409	324	230	153	117
47° N	128	191	283	378	450	482	466	406	319	224	146	110
48° N	121	184	277	375	449	482	465	403	314	217	139	103
49° C	114	177	271	371	447	481	464	400	309	211	132	96
50° N	107	170	265	367	445	481	463	398	304	204	125	89
51° N	100	163	259	363	443	480	462	394	298	197	118	83
52° N	93	156	253	358	441	480	461	391	293	191	111	76
53° N	86	149	247	354	439	479	459	388	287	184	104	70
54° N	79	142	240	350	437	478	458	384	282	177	97	63
55° N	73	135	234	345	435	478	457	381	276	170	90	56

Tabelle 5-3 Maximale tägliche Sonnenscheindauer *S*, mittlere Monatswerte in h/d

Nördl Breite	Jan	Feb	Mär	Apr	Mai	Jun	Jul	Aug	Sep	Okt	Nov	Dez
Südl.	Jul	Aug	Sep	Okt	Nov	Dez	Jan	Feb	Mär	Apr	Mai	Jun
55°	7.9	9.8	11.9	14.2	16.2	17.3	16.7	15.0	12.7	10.6	8.5	7.3
54°	8.0	9.9	11.9	14.1	16.1	17.1	16.6	14.9	12.7	10.6	8.6	7.4
53°	8.2	9.9	11.9	14.0	15.9	16.9	16.4	14.8	12.7	10.6	8.7	7.6
52°	8.3	10.0	11.9	13.9	15.7	16.7	16.3	14.6	12.7	10.7	8.9	7.8
51°	8.5	10.1	11.9	13.9	15.5	16.5	16.1	14.6	12.7	10.8	9.0	8.0
50°	8.6	10.2	11.9	13.8	15.4	16.4	15.9	14.5	12.7	10.8	9.1	8.1
49°	8.7	10.2	11.9	13.7	15.3	16.2	15.8	14.4	12.7	10.8	9.2	8.2
48°	8.8	10.2	11.9	13.6	15.2	16.0	15.6	14.3	12.6	10.9	9.3	8.3
47°	9.0	10.3	11.9	13.6	15.1	15.8	15.5	14.2	12.6	10.9	9.4	8.5
46°	9.2	10.3	11.9	13.5	15.0	15.7	15.3	14.1	12.6	10.9	9.6	8.6
40°	9.6	10.7	11.9	13.3	14.4	15.0	14.7	13.7	12.5	11.2	10.0	9.3
35°	10.1	11.0	11.9	13.1	14.0	14.5	14.3	13.5	12.4	11.3	10.3	9.8
30°	10.4	11.1	12.0	12.9	13.6	14.0	13.9	13.2	12.4	11.5	10.6	10.2
25°	10.7	11.3	12.0	12.7	13.3	13.7	13.5	13.0	12.3	11.6	10.9	10.6
20°	11.0	11.5	12.0	12.6	13.1	13.3	13.2	12.8	12.3	11.7	11.2	10.9
15°	11.3	11.6	12.0	12.5	12.8	13.0	12.9	12.6	12.2	11.8	11.4	11.2
10°	11.6	11.8	12.0	12.3	12.6	12.7	12.6	12.4	12.1	11.8	11.6	11.5
5°	11.8	11.9	12.0	12.2	12.3	12.4	12.3	12.3	12.1	12.0	11.9	11.8
0°	12.0	12.0	12.0	12.0	12.0	12.0	12.0	12.0	12.0	12.0	12.0	12.0

5.3 Messung der Verdunstung

Mit Verdunstungsmessgeräten (Evaporimetern), [1, 4, 8, 9] wird der Wasserverlust durch Verdunstung von einer Wasserfläche (Verdunstungskessel) oder einer benetzten Oberfläche (Atmometer) gemessen. Die Messwerte hängen entscheidend von der Bauart und den Standortbedingungen des jeweiligen Gerätes ab und sind meist deutlich höher als die potenziellen oder tatsächlichen Verdunstungshöhen von Boden- oder Gewässerflächen (s. auch Bild 5-1). Evaporimeter können daher nur Anhaltswerte über die Höhe und die jahreszeitliche Verteilung der Verdunstung vermitteln. Sie werden insbesondere für die Bewässerungswirtschaft eingesetzt.

Verdunstungskessel sind zylindrische, mit Wasser gefüllte Gefäße. Der Wasserverlust wird täglich mit einem Stech- oder Hakenpegel gemessen und ggf. um die ebenfalls gemessene Niederschlagshöhe korrigiert. Die größte Verbreitung hat der Kessel **Class-A Pan** vom US Weather Bureau erlangt [4]. Es ist ein kreiszylindrisches Gefäß aus verzinktem Eisenblech mit einem Innendurchmesser von 1207 mm und einer Tiefe von 255 mm. In Messstationen wird es meist auf einem Lattenrost aufgestellt, gelegentlich auch in den Grund eingelassen oder, bei Wasserflächen, auf Flößen schwimmend betrieben.

Atmometer werden hauptsächlich in agrarmeteorologischen Stationen eingesetzt. Das weltweit verbreitete Gerät des Franzosen Albert *Piche* von 1872 besteht aus einem rohrartigen Glaszylinder, der mit Wasser gefüllt wird. Die nach unten zeigende Öffnung wird mittels einer Federklemme mit einer Filterpapierscheibe verschlossen, von deren feuchter Oberfläche die Verdunstung erfolgt. Das ca. 30 cm lange Rohr wird in der Thermometerhütte aufgehängt.

Das Atmometer nach *Czeratzki* (Braunschweig-Völkenrode) hat eine runde, poröse Keramikoberfläche von 200 cm^2 Größe, die von ihrer Rückseite ständig mit Wasser versorgt wird. Die Messwerte korrelieren mit denen des Kessels Class-A Pan. Die Czeratzki-Scheibe hat ihren Einsatzschwerpunkt in der Bewässerungswirtschaft.

Eine genauere Bestimmung der Verdunstung und der anderen Wasserhaushaltsgrößen ist durch **Lysimeter** möglich. Hierbei sind Bodenkörper von Gefäßen umschlossen, bei denen die Wasservorratsänderung kontrolliert wird. Bei den wägbaren Lysimetern wird die Gewichtsveränderung gemessen. Der Betrieb von Lysimetern ist sehr aufwendig und erfolgt daher nur in wenigen Stationen insbesondere zu Forschungszwecken [1].

5.4 Ermittlung der realen Verdunstung von Einzugsgebieten und Beständen

Für gemessene Niederschläge und Abflüsse von Einzugsgebieten kann die langjährige Verdunstungshöhe aus der Wasserbilanz bestimmt werden (s. Kap.3.1). Eine zeitliche Aufteilung dieser realen Höhe kann in Anlehnung an die potenzielle Evapotranspiration erfolgen. Für Einzelheiten und eine Differenzierung, z. B. für verschiedenen Bewuchs, wird auf die Literatur [1, 9] verwiesen.

6 Auswertung, Prüfung und Vervollständigung von Datenreihen

Ziel der Messung und statistischen Auswertung hydroklimatologischer Daten ist die Quantifizierung der Wasserhaushaltsgrößen. Da diese räumlich und zeitlich großen Schwankungen unterliegen, sind Betrachtungen über die Wahrscheinlichkeit, mit der sich hydrologische Situationen oder Ereignisse, wie ein bestimmtes Wasserdargebot, Hoch- und Niedrigwasser, Nass- und Trockenzeiten usw. einstellen, erforderlich.

Diese Aussagen können nur aus Daten abgeleitet werden, die über einen längeren Zeitraum ohne große Unterbrechungen vorliegen, als *Zeitreihen* also eine größere Vielfalt möglicher Situationen enthalten und das typische *Verhalten* oder *Regime* des hydrologischen Systems widerspiegeln. Mess- oder Auswertungsfehler und Veränderungen im hydrologischen System, z. B. im Einzugsgebiet, während der Messdauer können die Ergebnisse verfälschen und verzerren. Fehler und Instationarität in den Zeitreihen können durch entsprechende Verfahren der *Zeitreihenanalyse* identifiziert und berücksichtigt werden.

Bei einer zunehmenden Bebauung eines Einzugsgebietes wird z. B. durch die Versiegelung und den Kanalanschluss der Oberflächen der Hochwassereinfluss im Mittel mit der Zeit entsprechend zunehmen [3, 27]. Eine statistische Analyse ohne Berücksichtigung dieses Trends führt zu unrichtigen Ergebnissen. Eine ähnlich verfälschende oder verändernde Wirkung auf die Daten haben plötzlich eintretende Veränderungen, wie z. B. der Bau und Betrieb einer Talsperre oder die Verlegung einer Messstation, auf die gemessenen Abflüsse.

Werden verschiedene Zeitreihen, z. B. Niederschlag und Abfluss oder die Niederschlagshöhen verschiedener Stationen, miteinander verglichen, so müssen sie sich über den gleichen Zeitraum erstrecken. Datenlücken sind durch geeignete Schätzverfahren zu schließen.

Es kann hier nur auf einige Grundverfahren der Zeitreihenanalyse eingegangen werden. Für vertiefende Studien wird auf die umfangreiche Fachliteratur [10, 21, 24] hingewiesen.

6.1 Mittel- und Hauptwerte

Zur Grundauswertung hydroklimatologischer Daten gehört die Übertragung von Messdaten in abgeleitete Größen, wie die Bestimmung von Abflüssen aus Wasserständen, die Bildung von Mittelwerten für Tage, Monate, Jahre und längere Zeiträume, die Feststellung der Extreme und die Ordnung der Werte in Dauerlinien. Veröffentlichte Daten, wie in Deutschland in den gewässerkundlichen und meteorologischen Jahrbüchern, sind bereits von den Messdiensten entsprechend bearbeitet worden. Einen schnellen Überblick über die Verhältnisse sollen die sogenannten Hauptwerte in den gewässerkundlichen Jahrbüchern vermitteln, die mit ihren Kurzzeichen gemäß DIN 4049, Teil 1 „Hydrologie, Begriffe, quantitativ" angegeben werden.

Die Hauptwerte werden angegeben für

- w Wasserstände am Pegel in cm
- Q Abflüsse (Durchflüsse) am Pegel in m³/s
- q Abflussspenden, spezifische Abflüsse, Abfluss bezogen auf 1 km² des Einzugsgebietes; $q = Q/A_E$ in l/(s km²)

Für das jeweilige Jahr und die gesamte Messreihe werden die Minima (*NW, NQ, Nq*), die Mittelwerte (*MW, MQ, Mq*) und die Maxima (*HW, HQ, Hq*) der Kalendermonate, Halbjahre und des Gesamtzeitraums gegeben. Für die Kalendermonate und Jahre der gesamten Zeitreihe kommen dazu die mittleren Minima (*MNW, MNQ, MNq*) und Maxima (*MHW, MHQ* und *MHq*) der Werte. Außerdem werden monatliche und jährliche Höhen des Abflusses h_A und Mh_A und oft auch des Gebietsniederschlages in mm angegeben. Das niedrigste beobachtete Niedrigwasser einer Messreihe wird mit *NNW, NNQ* und *NNq* abgekürzt, der höchste Hochwasserwert mit *HHW, HHQ* und *HHq*.

⇨ s. Übungsblatt 4

6.2 Ganglinie und Dauerlinie

Eine *Ganglinie* ist eine Auftragung von Daten über der Zeitachse und ihre Verbindung durch einen Linien- oder Kurvenzug. Bild 6-1, rechts, zeigt die Ganglinie täglicher mittlerer Abflüsse am Pegel Bienenbüttel /Ilmenau für das Jahr 1994. Grobe Datenfehler, z. B. Sprünge im Verlauf, kann das geübte Auge schon an dieser Aufzeichnung erkennen. Die Ganglinie gibt einen Eindruck von der Abflusscharakteristik des Gewässers. Obwohl die Ilmenau mit ihrem großen quartären Grundwasserspeicher einen vergleichsweise ausgeglichenen Abfluss mit großem Basisabflussanteil hat, wird die große Varianz zwischen Niedrig- und Hochwasser deutlich.

Zur Einschätzung des Wasserdargebotes werden Häufigkeitsuntersuchungen angestellt. Der auftretende Wertebereich wird in Klassen eingeteilt und die Anzahl der in jede Klasse fallenden Werte ausgezählt. Die Häufigkeitsverteilung für die Abflüsse am Pegel Bienenbüttel im Jahre 1994 ist in Bild 6-1, links, in Histogrammform dargestellt. Die Aufsummierung der Häufigkeiten ergibt die *Dauerlinie* (Dauerkurve). Je nachdem, ob man mit dem größten oder dem kleinsten Q-Wert beginnt, erhält man die Dauerlinie der Überschreitung oder der Unterschreitung (Bild 6-1, rechts). Nach dem gleichen Verfahren lässt sich die Dauerlinie für langjährige Zeitreihen erstellen. Man kann an ihr ablesen, wie häufig, z. B. an wie vielen Tagen im Jahr oder % der Zeit, zu erwarten ist, dass ein bestimmter Wert über- oder unterschritten wird. Dauerlinien von Abflüssen und Wasserständen sind wesentliche Grundlage für die verschiedensten Analysen und wasserwirtschaftlichen Planungen, z. B. Wasserentnahmen, Klärwassereinleitungen, ökologische Bedingungen, Wasserkraft und Schifffahrt. Dauerlinien werden jedoch auch für beliebige andere Parameter, z. B. die Leistung und Energieerzeugung einer Wasserkraftanlage oder die Altersstruktur Studierender eines Studienganges erstellt.

Eine Dauerlinie lässt sich auch durch Ordnen der Daten in der Reihenfolge ihrer Größe erstellen. Mithilfe moderner Programme der Tabellenkalkulation (z. B. EXCEL) lässt sich diese Aufgabe auch für lange Zeitreihen, wie den Tageswerten vieler Jahre, einfach durchführen.

Statt der grafischen Darstellung der Dauerlinie wird zunehmend einer entsprechenden Auflistung der Werte, der Dauertafel, der Vorzug gegeben.

⇨ s. Übungsblatt 5

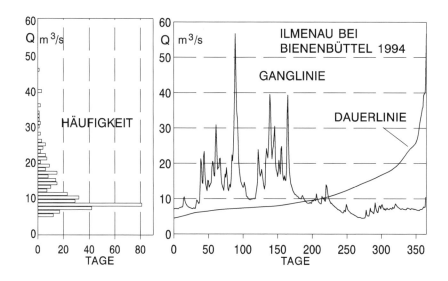

Bild 6-1 Ganglinie und Häufigkeitsverteilung und Unterschreitungsdauerlinie täglicher Abflüsse am Pegel Bienenbüttel/Ilmenau

6.3 Doppelsummenanalyse

Inhomogenitäten in den Zeitreihen durch Änderungen im Abflussregime und Datenfehler können durch dieses Verfahren erkannt und quantifiziert werden. Hierbei wird die zu prüfende Zeitreihe mit einer oder mehreren Zeitreihen anderer Messstationen der Region oder des Einzugsgebietes verglichen, die ähnliche Merkmale, z. B. Folgen von Nass- und Trockenjahren, aufweisen müssten. Die Werte der zu prüfenden Zeitreihe QA und der Vergleichsreihe QB, die den gleichen Zeitraum überspannen müssen, werden jeweils fortlaufend aufsummiert (kumuliert).

$$X_i = \sum_{j=1}^{i} QA_j \quad \text{und} \quad Y_i = \sum_{j=1}^{i} QB_j$$

QB kann dabei die Zeitreihe einer Station oder die gemittelte Zeitreihe mehrerer Stationen sein. X und Y werden als Diagramm gegeneinander aufgetragen. Die sich ergebende Doppelsummenlinie muss näherungsweise eine Gerade bilden. Neigungswechsel oder größere Unstetigkeiten in dieser Linie zeigen Änderungen in der Abflusscharakteristik oder Datenfehler an.

Bild 6-2 zeigt die Doppelsummenlinie der höchsten jährlichen Abflüsse HQ an zwei Pegeln der Lenne, einem Nebenfluss der Ruhr, von 1951-88.

Die 1966 fertig gestellte Biggetalsperre vermindert die Hochwasserspitzen am unterhalb liegenden Pegel Rönkhausen etwa auf die Hälfte, wie der wesentlich schwächere Anstieg der Summenlinie anzeigt. Die Abflüsse am oberhalb liegenden Pegel Kickenbach sind davon unbeeinflusst.

Eine langsame, stetige Veränderung der Bedingungen würde sich in einer gebogenen Doppelsummenlinie äußern. Wenn bei den Vergleichsreihen mit ähnlichen Einflüssen, z. B. durch Klimaänderung zu rechnen ist, empfiehlt sich eine Trendanalyse durch Regression (6.4) mit der Zeit oder durch gleitende Mittelwertbildung.

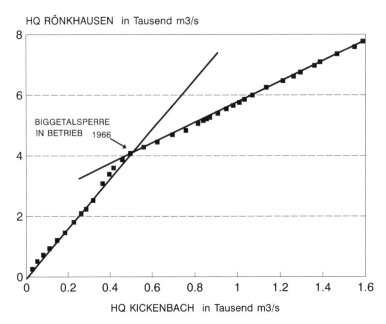

Bild 6-2 Doppelsummenanalyse zur Homogenitätsprüfung der HQ-Werte an zwei Pegeln der Lenne. Einfluss des Betriebs der Biggetalsperre

6.4 Regression und Korrelation

Zwischen den Werten von Größen, zwischen denen funktionale Zusammenhänge bestehen, wie z. B. Niederschlag und Abfluss, lassen sich oft mathematische, formelmäßige Beziehungen finden. Hiermit ist es u. U. möglich, die Zusammenhänge zu interpretieren und fehlende Daten näherungsweise zu berechnen.

6.4.1 Lineare Einfachregression (Übungsblatt 7)

Die einfachste mathematische Beziehung zwischen 2 Gruppen von je n Werten x und y ist die Gerade. Sie entspricht der *linearen Einfachregression*:

$$y = a + b \cdot x \qquad \text{(Regressionsgerade)} \qquad (6.1)$$

Die passenden Werte für die Koeffizienten a und b werden nach dem Kriterium der *kleinsten Fehlerquadratsumme* nach **Gauß** bestimmt:

$$F = \sum_{i=1}^{n}(y_i - (a + b \cdot x_i))^2 = \min ! \quad (6.2)$$

Die partielle Ableitung der Fehlerfunktion F nach a und nach b und Nullsetzung der Ableitungen (Extremwertaufgabe) führt zu den **Bestimmungsgleichungen**:

$$b = \frac{\sum xy - \sum x \sum y / n}{\sum x^2 - \sum x \sum x / n} \quad \text{und} \quad a = \frac{\sum y - b \cdot \sum x}{n} \quad (6.3)$$

Darin ist Σx die Summe aller Werte x_i, Σy die Summe aller Werte y_i, Σx^2 die Summe aller Werte x_i^2 und Σxy die Summe aller Produkte $x_i \cdot y_i$, die der Analyse unterzogen werden.

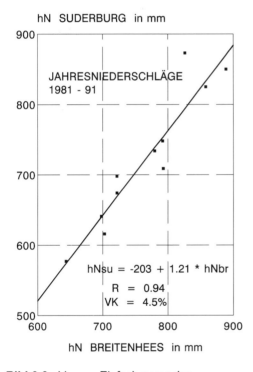

Bild 6-3 Lineare Einfachregression

Bild 6-3 zeigt die lineare Regression der jährlichen Niederschlagshöhen 1981 bis 1991 zweier Stationen in der Lüneburger Heide. Jeder Punkt steht für das Wertepaar eines Jahres.

In der Station Breitenhees (122 m üNN) wurden im Mittel 766 mm/a gemessen, in der ca. 9 km entfernten Station Suderburg (77 m üNN) nur 722 mm/a. Es zeigt sich jedoch eine starke Ähnlichkeit durch die gemeinsame Abhängigkeit vom regionalen Klima.

Der mittlere mathematische Zusammenhang wird durch die Gerade ausgedrückt, deren ermittelte Gleichung eingetragen ist. Er ist umso enger, je näher die Punkte an der Geraden liegen. Die mittlere Abweichung ist durch die **Standardabweichung** (Gl. 6.4) in der vorliegenden Dimension, hier in mm, gegeben. Der **Variationskoeffizient** (Gl. 6.5) gibt die relative Abweichung bezogen auf den Mittelwert an.

$$S = \sqrt{\frac{\sum(y - y_{ger})^2}{(n-1)}} \quad \text{Standardabweichung} \quad (6.4)$$

$$VK = \frac{S}{\bar{y}} \quad \text{Variationskoeffizient} \quad (6.5)$$

Ein wichtiges Maß für die Güte der Anpassung der Geraden an die gegebenen Punkte oder Wertepaare ist der **Korrelationskoeffizient** R.

$$R = \frac{\sum xy - \sum x \sum y/n}{\sqrt{(\sum x^2 - (\sum x)^2/n) \cdot (\sum y^2 - (\sum y)^2/n)}} \qquad (6.6)$$

Sind andere mathematische Funktionen angepasst worden (z. B. nichtlineare Regression), so steht x für die gegebenen Werte, y für die mit der Funktion gerechneten Werte. Der Koeffizient liegt zwischen +1 und -1. Je größer sein Absolutbetrag ist, umso besser erfasst die gefundene Beziehung den Zusammenhang zwischen den x- und y-Werten. Ein Wert $R = 0$ bedeutet also, dass keinerlei Zusammenhang besteht, $R = +1$ oder -1 zeigt eine exakte Beziehung ohne Abweichungen an. In den meisten praktischen Fällen liegen die Werte zwischen diesen beiden Extremen, sodass entschieden werden muss, ob die Beziehung zwischen den Größen *signifikant*, aussagefähig ist.

Die **Signifikanz** des Korrelationskoeffizienten hängt von der Anzahl n der analysierten Datenpaare ab. Die folgende Tafel zeigt die Mindestwerte des Koeffizienten, die erforderlich sind, um eine signifikante Korrelation auf dem 5-%-Signifikanzniveau anzuzeigen. Wenn der aus den Daten errechnete Korrelationskoeffizient $R \geq R_{\min}$, so ist die Wahrscheinlichkeit, dass eine mathematische Beziehung tatsächlich besteht, $\geq 95\ \%$ und die Irrtumswahrscheinlichkeit $\leq 5\ \%$ entsprechend der statistischen t-Verteilung.

Tabelle 6-1 Korrelationskriterium mit 95 % Signifikanzniveau nach t-Verteilung

n-2	1	2	3	5	10	12	14	15
R_{min}	1	0.997	0.878	0.754	0.576	0.532	0.497	0.482
n-2	20	25	30	40	50	60	100	
R_{min}	0.432	0.381	0.349	0.304	0.273	0.250	0.195	

Beispiel: 32 Wertepaare x und y

         Freiheitsgrad - 2 = 32 - 2 = 30

         mindestens erforderlicher Korrelationskoeffizient: $R_{min} = 0.349$

6.4.2 Nichtlineare Regression (Übungsblatt 8)

Viele Zusammenhänge sind nichtlinear, d. h., sie können nicht durch eine Gerade angenähert werden, sondern möglicherweise durch eine parabolische, exponentielle Funktion der Form:

$$Y = c \cdot X^b \qquad (6.7)$$

In ihrer logarithmischen Form wird die Funktion wieder linear:

$$\ln Y = \ln c + b \cdot \ln X \qquad (6.8)$$

Für die Logarithmen der Werte X und Y wird die lineare Regression durchgeführt. Der Faktor der exponentiellen Gleichung ergibt sich zu $c = ea$.

Der Korrelationskoeffizient ist zwischen den gegebenen Werten Y und den mit der erhaltenen Formel errechneten Werten Y_{ger} zu bestimmen.

Bild 6-4 zeigt eine nichtlineare Regression der Abflussspenden des hundertjährlichen Hochwassers Hq_{100} an den Pegeln des Lennegebietes. Kleine Einzugsgebietsflächen A_E mit kürzeren Fließwegen und größerem Gefälle generieren größere Spenden als große Gebiete.

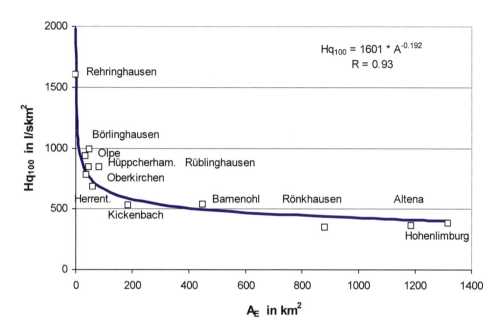

Bild 6-4 Nichtlineare Regression: Fläche und Abflussspende, Lennegebiet, Regionalanalyse

6.4.3 Mehrfachregression (multiple Regression)

Viele Variablen Y sind nicht nur von *einer* anderen Größen X abhängig, sondern werden von Anzahl anderer Parameter X_1, X_2, ... beeinflusst oder bestimmt. Die Gleichungen für die Einfachregression (6.1 und 6.7) erweitern sich dann zu

$$Y = a + b_1 \cdot X_1 + b_2 \cdot X_2 + \ldots \quad \text{(lineare Mehrfachregression)} \quad (6.9)$$

bzw.

$$Y = c; X1b1; X2b2; \quad \ldots \text{(nichtlineare Mehrfachregression)} \quad (6.10)$$

Der Rechenaufwand zur Ermittlung der Koeffizienten wird erheblich höher als bei der Einfachregression. Es empfiehlt sich daher die Benutzung eines Rechenprogramms, wie z. B. das Programm MREG des Verfassers. Bild 6-5 zeigt das Ergebnis einer zweifachen linearen Regression, bei der die Abhängigkeit der mittleren jährlichen Niederschlagshöhe in 37 Messstationen in der Lüneburger Heide von der Ortshöhe (zunehmend, $R=0.61$) und der Entfernung von Celle in östlicher Richtung (abnehmend, $R=-0.78$) festgestellt und quantifiziert wurde. Der Gesamtkorrelationskoeffizient zwischen *hNgem* und *hNger* verbessert sich durch die zweifache Regression auf $R = 0.87$.

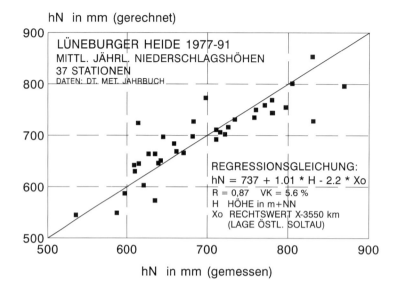

Bild 6-5 Ergebnisse einer zweifachen linearen Regression, Abhängigkeit der mittleren jährlichen Niederschlagshöhe in der Lüneburger Heide von der Ortshöhe H und der Lage östlich von Soltau (vergleiche Isohyetenkarte Bild 4-3)

6.4.4 Andere Regressionen

Eine weitere häufig verwendete Kurvenanpassung ist die halblogarithmische Regression zwischen Wertepaaren x und $\ln y$, die eine Exponentialfunktion ergibt:

$$y = y_0 \cdot \exp(b \cdot x) = y_0 \cdot e^{bx} \qquad (6.11)$$

Diese Funktion spielt insbesondere bei natürlichen Abklingprozessen, wie beim Auslaufen des linearen Speichers „Trockenwetterganglinie, Rezession" (Kap. 8.1) eine Rolle.

7 Wahrscheinlichkeitsanalyse von Extremwerten

7.1 Bemessungshochwasser und -niederschläge

Um das Versagensrisiko von Wasserbauten und wasserwirtschaftlichen Maßnahmen kalkulierbar zu machen, erfolgt die *Bemessung* auf Hochwasserabflüsse oder entsprechende Starkniederschlagshöhen bestimmter *Eintrittswahrscheinlichkeit P*, meist ausgedrückt als statistisches *Wiederkehrintervall T*. Dieses gibt die Zeitspanne in Jahren an, in der im Mittel einmal mit dem Ereignis der entsprechenden Größe gerechnet werden muss. Die Wahrscheinlichkeit, dass ein Hochwasserabfluss oder ein anderes Extremereignis im Mittel einmal in T Jahren eintritt, ist in jedem Jahr P = **1/***T*.

Beispiel: Ein Hochwasserabfluss mit dem Wiederkehrintervall von 100 Jahren, genannt „hundertjährliches Hochwasser", hat in jedem Jahr die Eintrittswahrscheinlichkeit von P = 1/100 oder 1 %. Im Mittel tritt ein solches Ereignis einmal in T = 100 Jahren auf, d. h. z. B. ca 100-mal in 10000 Jahren.

Das Risiko, dass das Bemessungsereignis während einer gewählten Zeitspanne von n Jahren, z. B. der geplanten Lebenszeit des Bauwerks, erreicht oder überschritten wird, ist:

$$R \;=\; 1-(1-1/T)^n \tag{7.1}$$

Auf die Eintrittswahrscheinlichkeit von Extremereignissen wird durch Analyse bisher beobachteter Extremwerte geschlossen [5, 10, 11, 17, 21]. Im Normalfall werden dazu die jährlichen Maximalwerte der Messreihe verwendet. Die *Häufigkeitsverteilung* ist die Einordnung der Werte in Werteklassen (Bild 7.1). Die Verteilung hat etwa die Form einer Glockenkurve. An diese wird eine mathematische Funktion, die *Verteilungsfunktion*, angepasst. Die Summenlinie (das Integral) der Verteilungsfunktion ergibt die Dauerlinie der Unterschreitung, die sog. Wahrscheinlichkeitskurve. Mit ihrer Extrapolation kann die Größe wahrscheinlicher Extremwerte auch für sehr kleine Eintrittswahrscheinlichkeiten bzw. große statistische Wiederkehrintervalle bestimmt werden.

Bewährt für die Analyse hydrologischer Daten haben sich insbesondere die Verteilungsfunktionen nach **Pearson**, Typ 3, und **Gumbel** (Extremal -1). Angewandt auf die Logarithmen der gegebenen Daten erhalten die genannten Funktionen die Namen logPearson-3, bzw. Fréchet-Verteilung.

Die Verteilungsfunktionen sind durch die statistischen Parameter der Messreihe, **Mittelwert**, **Standardabweichung** und **Schiefekoeffizient** gekennzeichnet und festgelegt (Gl. 7.2–7.4).

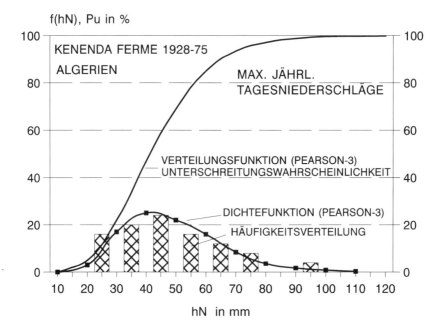

Bild 7-1 Häufigkeit, Verteilungsfunktion und Wahrscheinlichkeit

7.2 Eintrittswahrscheinlichkeit von Maximalwerten (Übung 9)

Zur Analyse von Hochwasserabflüssen, max. Tagesniederschlagshöhen usw. werden die jährlichen Höchstwerte (wasserwirtschaftliches Jahr) verwendet. Für eine Zeitreihe von n Jahren Länge ergibt sich ein Datenkollektiv von n Daten X_i. Es werden berechnet:

Mittelwert $\qquad XM = \sum_{i=1}^{n} X_i / n$ \hfill (7.2)

Standardabweichung $\quad S_X = \sqrt{(\sum X_i^2 - (\sum X_i)^2 / n)/(n-1)}$ \hfill (7.3)

Schiefekoeffizient $\quad CS_X = \dfrac{n^2 \sum X_i^3 - 3n \sum X_i \cdot \sum X_i^2 + 2(\sum X_i)^3}{n(n-1)(n-2) S_X^3}$ \hfill (7.4)

Zur praktischen Bestimmung des wahrscheinlichen Extremwertes XT für ein Wiederkehrintervall von T Jahren dient die folgende Gleichung. Ihre Anwendung ersetzt die Integration (Aufsummierung) der Wahrscheinlichkeitsdichtefunktion.

$\qquad XT = XM + kT \cdot SX \qquad$ (allgemeine Frequenzformel) \hfill (7.5)

Der Frequenzfaktor kT hängt vom Wiederkehrintervall T, bei der Pearson - 3 - Verteilung auch vom Schiefekoeffizienten CS_X ab. Er wird mit Bestimmungsgleichungen oder Algorithmen berechnet oder aus Tabellen entnommen (Tafel 7.1).

Für die kT-Werte der Gumbel- und Fréchet-Verteilung gilt die folgende Näherungsgleichung:

$$kT = -0.45 - 0.78 \cdot \ln (T/(T-1)) \tag{7.6}$$

Der kT-Wert hängt hier nur vom Wiederkehrintervall ab, da der Schiefekoeffizient zu 2 angenommen wurde.

Für die Pearson-3-Verteilung lässt sich $kT(Csx,T)$ durch den folgenden Algorithmus bestimmen:

1. $W = \sqrt{(\ln T^2)}$ (7.7)
2. $Y = W - (2.5155 + 0.80285 \cdot W + 0.01033 \cdot W^2)/(1+1.4328 \cdot W + 0.1893 \cdot W^2 + 0.00131 \cdot W^3)$
3. $kT = Y+(Y^2-1) \cdot Csx/6 + (Y^3 - 6 \cdot Y)/3 \cdot Csx^2 / 36 - (Y^2-1) \cdot Csx^3/216 + Y \cdot (Csx/6)^4 + (Csx/6)^5/3$

Die hiermit berechneten Werte kT entsprechen in guter Näherung den Werten der Tafel 7.1. Bei Verwendung der Tafeln werden Zwischenwerte durch Interpolation bestimmt. Für eine Schiefe von $Csx = 0$ ergibt sich als Sonderfall die Wahrscheinlichkeitsfunktion von **Gauß** (Normalverteilung).

Bei negativen Schiefekoeffizienten wird nach den **DVWK - Regeln zur Wasserwirtschaft**, Heft 101, 1979, „Empfehlung zur Berechnung der Hochwasserwahrscheinlichkeit" [5], der Wert CS_X durch den doppelten Variationskoeffizienten ersetzt:

$$\text{für } CS_X < 0 \quad : \quad CS_X = 2 \cdot CV_X = 2; SX/XM \tag{7.8}$$

7.3 Eintrittswahrscheinlichkeit der Messdaten

Jedem Wert der gegebenen Messreihe kann näherungsweise eine Eintrittswahrscheinlichkeit und damit das so genannte *empirische Wiederkehrintervall* zugewiesen werden:

$$T = (n+1)/(n+1-m) \quad \text{Jahre} \tag{7.9}$$

n = Anzahl der Daten, m = Rangfolge, $m = 1$ kleinster Wert, $m = n$ größter Wert der untersuchten Daten

Die Bestimmung des empirischen Wiederkehrintervalls T für die gegebenen Daten erlaubt deren Eintragung in die grafische Darstellung der Ergebnisse einer Wahrscheinlichkeitsanalyse und einen visuellen Vergleich (s. Bild 7-2).

Tafel 7-1 Werte $kT(T,Csx)$ für die Wahrscheinlichkeitsfunktionen nach Pearson-3, logPearson-3 und Gauß (Csx = 0)

Csy bzw. Csx	Wiederholungsintervall T in Jahren												
	1,01	2	2,5	3	5	10	20	25	40	50	100	200	500	1000
0	-2,326	0,000	0,253	0,440	0,842	1,282	1,645	1,751	1,960	2,054	2,326	2,576	2,878	3,090
0,1	-2,252	-0,017	0,238	0,417	0,836	1,292	1,673	1,785	2,007	2,107	2,400	2,670	3,004	3,233
0,2	-2,178	-0,033	0,222	0,403	0,830	1,301	1,700	1,818	2,053	2,159	2,473	2,763	3,118	3,377
0,3	-2,104	-0,050	0,205	0,388	0,824	1,309	1,726	1,849	2,098	2,211	2,544	2,856	3,244	3,521
0,4	-2,029	-0,066	0,189	0,373	0,816	1,317	1,750	1,830	2,142	2,261	2,615	2,949	3,366	3,666
0,5	-1,955	-0,083	0,173	0,358	0,808	1,323	1,774	1,910	2,185	2,311	2,686	3,041	3,488	3,811
0,6	-1,880	-0,099	0,156	0,342	0,800	1,328	1,797	1,939	2,227	2,359	2,755	3,132	3,609	3,956
0,7	-1,806	-0,116	0,139	0,327	0,790	1,333	1,819	1,967	2,268	2,407	2,824	3,223	3,730	4,100
0,8	-1,733	-0,132	0,122	0,310	0,780	1,336	1,839	1,993	2,308	2,453	2,891	3,312	3,850	4,244
0,9	-1,660	-0,148	0,105	0,294	0,769	1,339	1,859	2,018	2,346	2,498	2,957	3,401	3,969	4,388
1,0	-1,588	-0,164	0,088	0,277	0,758	1,340	1,877	2,043	2,384	2,542	3,022	3,489	4,088	4,531
1,1	-1,518	-0,180	0,070	0,270	0,745	1,341	1,894	2,066	2,420	2,585	3,087	3,575	4,206	4,673
1,2	-1,449	-0,195	0,053	0,242	0,732	1,340	1,910	2,087	2,455	2,626	3,149	3,661	4,323	4,815
1,3	-1,383	-0,210	0,036	0,225	0,719	1,339	1,925	2,108	2,489	2,666	3,122	3,745	4,438	4,955
1,4	-1,318	-0,225	0,018	0,207	0,705	1,337	1,938	2,128	2,521	2,706	3,271	3,828	4,553	5,095
1,5	-1,256	-0,240	0,001	0,189	0,690	1.333	1,951	2,146	2,552	2,743	3,330	3,910	4,667	5,234
1,6	-1,197	-0,254	-0,016	0,171	0,675	1,329	1,962	2,163	2,582	2,780	3,388	3,990	4,779	5,371
1,7	-1,140	-0,268	-0,033	0,153	0,660	1.324	1,972	2,179	2,611	2,815	3,444	4,069	4,890	5,507
1,8	-1,087	-0,282	-0,050	0,135	0,643	1,318	1,981	2,193	2,638	2,848	3,499	4,147	5,000	5,642
1,9	-1,037	-0,294	-0,067	0,117	0,627	1,310	1,989	2,207	2,664	2,881	3,553	4,223	5,108	5,775
2,0	-1,990	-0,307	-0,084	0,099	0,609	1,302	1,996	2,219	2,689	2,912	3,605	4,298	5,215	5,908
2,1	-0,946	-0,319	-0,100	0,081	0,592	1,293	2,001	2,230	2,172	2,942	3,656	4,372	5,320	6,039
2,2	-0,905	-0,330	-0,116	0,063	0,574	1,284	2,006	2,240	2,735	2,970	3,705	4,444	5,424	6,168
2,3	-0,867	-0,341	-0,131	0,045	0,555	1,273	2,009	2,248	2,755	2,997	3,753	4,515	5,527	6,296
2,4	-0,832	-0,351	-0,147	0,027	0,537	1,262	2,011	2,256	2,775	3,023	3,800	4,584	5,628	6,423
2,5	-0,799	-0,360	-0,161	0,010	0,518	1,250	2,012	2,262	2,793	3,048	3,845	4,652	5,728	6,548
2,6	-0,769	-0,369	-0,176	-0,007	0,499	1,238	2,013	2,267	2,811	3,071	3,889	4,718	5,827	6,672
2,7	-0,740	-0,377	-0,189	-0,024	0,480	1,224	2,012	2,272	2,827	3,093	3,832	4,783	5,923	6,794
2,8	-0,714	-0,384	-0,203	-0,041	0,460	1,210	2,010	2,275	2,841	3,114	3,973	4,847	6,019	6,915
2,9	-0,690	-0,390	-0,215	-0,057	0,440	1,195	2,007	2,277	2,855	3,134	4,013	4,909	6,113	7,034
3,0	-0,667	-0,396	-0,227	-0,073	0,420	1,180	2,003	2,278	2,867	3,152	4,051	4,970	6,205	7,152

Beispiel: Wahrscheinlichkeitsanalyse von Maximalwerten, Hochwasserfrequenz
Gegeben: 26 Jahresmaxima des Abflusses am Pegel Alsdorf / Sieg 1961-86, n= 26
Berechnete Parameter: MHQ = 68.8 m³/s, S_Q = 37.1 m³/s, CS_Q = 1.15
Für ein Wiederkehrintervall von T = 20 a ergeben sich z. B. nach
Gumbel : kT_{20} = 1.867, Qmax20 = 68.8 + 1.87 · 37.1 = 138 m³/s
Pearson-3 : kT_{20} = 1.902, Qmax20 = 68.8 + 1.90 · 37.1 = 139 m³/s

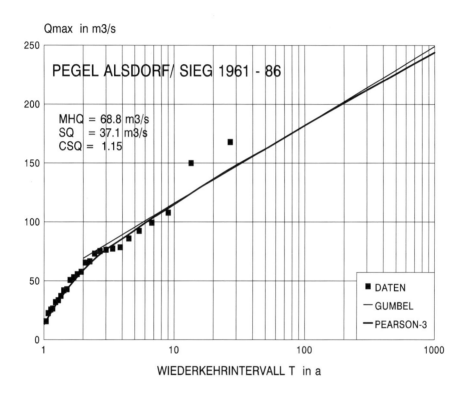

Bild 7-2 Wahrscheinlichkeitsanalyse von Hochwasserabflüssen

Die für verschiedene Wiederkehrintervalle T bestimmten Höchstabflüsse werden meist über der logarithmischen Zeitachse aufgetragen und durch eine Kurve verbunden, die keine Unstetigkeiten oder Knicke haben dürfen. Die gegeben Werte mit ihren empirischen Wiederkehrintervallen werden ebenfalls eingetragen.

Zur statistischen Analyse sollten möglichst lange Messreihen verwendet werden. Veränderungen der hydrologischen Bedingungen, z. B. durch Klimawechsel oder durch menschliche Eingriffe sollen vernachlässigbar klein sein.

7.4 Niedrigwasseranalyse (Übung 10)

Bei der Analyse niedriger Abflüsse sind nicht so sehr die absoluten Tiefstwerte jedes Jahres interessant, sondern die Abflüsse, die eine bestimmte Zeitdauer x, z. B. 1 Tag, 3, 7, 14 Tage unterschreiten oder die Mittelwerte während der Unterschreitungsdauer $NMxQ$ (DVWK, 1992). Diese Werte werden aus den Daten jedes Wasserwirtschaftsjahres ermittelt. Für jeden Wert einer Serie wird das empirische Wiederkehrintervall bestimmt. Es ergibt sich für n Minimalwerte zu (s. Gl. 7.9)

$T = (n+1) / (n+1-m)$ Jahre

m = Rangfolge, d. h.: $m = 1$ größter Wert, $m = n$ kleinster Wert der untersuchten Daten

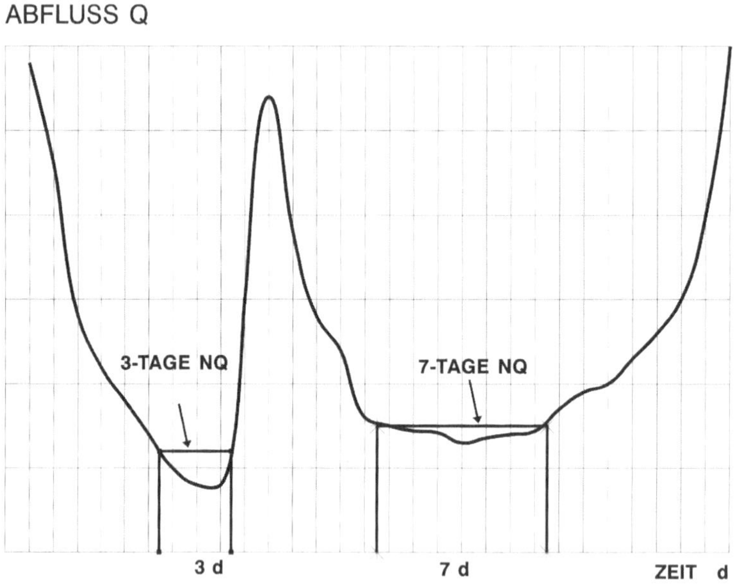

Bild 7-3 Ermittlung des Niedrigwasserabflusses für bestimmte Unterschreitungsdauern

Die Verbindung der halblogarithmisch oder numerisch aufgetragenen Werte (Bild 7-4) ergibt bereits eine für die meisten Beurteilungszwecke geeignete Wahrscheinlichkeitskurve. Wahrscheinlichkeitsverteilungen wie die Pearson-3-Verteilung lassen sich auch auf die Niedrigwasseranalyse anwenden. Die Frequenzformel hierfür lautet:

$$NQ_T = MNQ - kT \cdot S_{NQ} \qquad \text{Frequenzformel für Niedrigwasser} \qquad (7.10)$$

Wie bei der Hochwasseranalyse werden die statistischen Parameter nach den Gleichungen 7.2 bis 7.4 berechnet. Für die Bestimmung der kT-Werte kann die o. g. Tafel oder Formel benutzt werden. Das Vorzeichen des berechneten Schiefekoeffizienten muss jedoch zuvor umgekehrt werden, d. h. $Csx = - Csx$. In Bild 7-5 wird eine Anwendung gezeigt.

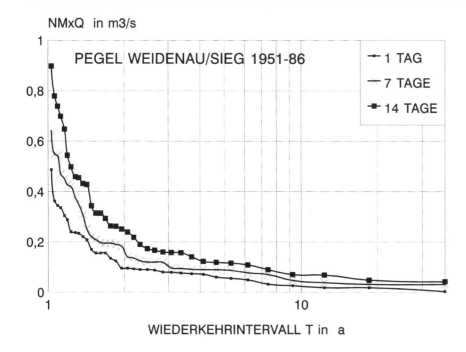

Bild 7-4 Niedrigwasseranalyse mit empirischem Wiederkehrintervall

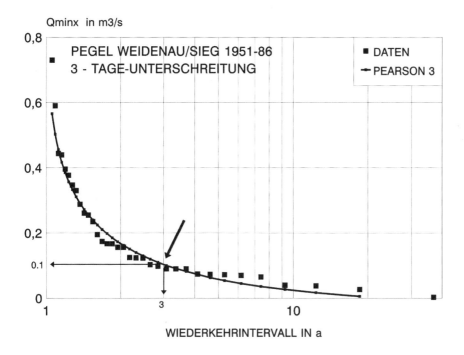

Bild 7-5 Niedrigwasseranalyse mit Wahrscheinlichkeitsverteilung
Pfeil: Ein Abfluss von 0.1 m³/s hat ein Wiederkehrintervall von ca. 3 Jahren.

8 Speicher

Talsperren, Rückhaltebecken, Flussabschnitte, Einzugsgebiete, Grundwasserleiter usw. sind **Speicher**, die zufließendes Wasser aufnehmen und verzögert in veränderter Abfolge wieder abgeben. Die Volumenkontinuität erfordert, dass die Änderung des Speicherinhalts S zurzeit t gleich der Differenz zwischen dem Zufluss Qz_t und dem Abfluss Qa_t ist:

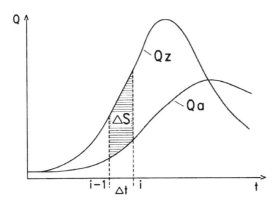

$$\frac{dS}{dt} = Qz_t - Qa_t \qquad (8.1)$$

Zur praktischen Berechnung werden diskrete Werte von Qa, Qz und S im Zeitabstand Δt verwendet. Der Verlauf der Ganglinien zwischen benachbarten Werten wird als linear angenommen. Die Änderung des Speichervolumens zwischen den Zeitpunkten i-1 und i ergibt sich dann zu:

Bild 8-1 Diskretisierung der Speichergleichung

$$\Delta S_i = S_i - S_{i-1} = \left(\frac{Qz_i + Qz_{i-1}}{2} - \frac{Qa_i + Qa_{i-1}}{2}\right)\Delta t \qquad (8.2)$$

Bei den meisten Problemstellungen sind von den Termen dieser Gleichung zum Zeitpunkt i der Speicherinhalt S_i und der Ausfluss Q_i unbekannt. Mit den Unbekannten auf der linken Seite der Gleichung ergibt sich die **allgemeine Speichergleichung**:

$$\frac{S_i}{\Delta t} + \frac{Qa_i}{2} = \frac{S_{i-1}}{\Delta t} + \frac{Qz_i + Qz_{i-1} - Qa_{i-1}}{2} \qquad (8.3)$$

8.1 Linearer Speicher

Die Modellvorstellung des **linearen** Speichers geht davon aus, dass der Ausfluss proportional zum Speicherinhalt ist:

$$S = k \cdot Qa \qquad (8.4)$$

Diese Annahme trifft nur beschränkt in der Natur zu und ist näherungsweise z. B. auf den Grundwasserabfluss oder reine Speicherwirkung (Retention) von Einzugsgebieten anwendbar.

Durch Einsetzen der linearen Beziehung in die oben gegebene allgemeine Speichergleichung und Auflösung ergibt sich die Arbeitsgleichung für den **linearen Speicher**:

$$Qa_i = \frac{(Qz_i + Qz_{i-1})/2 + Qa_{i-1} \cdot (k/\Delta t - 0,5)}{k/\Delta t + 0,5} \tag{8.5}$$

Für eine Zuflusszeitreihe und eine gegebene **Retentionskonstante** k, die der Zeitverschiebung zwischen den Schwerpunkten der Zufluss- und Ausflussganglinie entspricht (Moment 1. Ordnung, mittlere Verweilzeit), lässt sich der Abfluss aus dem hydrologischen System berechnen. Der erste Abflusswert Qa_1 muss ebenfalls bekannt sein.

Die Retentionskonstante k lässt sich besonders einfach für ein hydrologisches System ermitteln, das gerade keinen Zufluss hat (z. B. die Trockenwetterganglinie). Für $Qz = 0$ in Gl. 8.5 ergibt sich $Qa_i = $ const. $\cdot Qa_{i-1}$. Die Auslaufkurve des linearen Speichers lässt sich folglich durch eine Exponentialfunktion beschreiben, wobei sich aus einem vorhergehenden Wert $Qa_{t-\Delta t}$ der Abfluss nach einer Zeitspanne Δt bestimmen lässt zu:

$$Qa_t = Qa_{t-\Delta t} \cdot e^{\frac{-\Delta t}{k}} \tag{8.6}$$

Beispiel: $Qa_{t-\Delta t} = 5$ m³/s, Zufluss = 0, $k = 20$ d, Abfluss nach $\Delta t = 10$ d: $Qa_{10} = 5 \cdot \exp(-10/20) = 3.03$ m³/s

Umgekehrt lässt sich die Retentionskonstante k eines linearen hydrologischen Systems aus seiner Auslaufkurve bestimmen. Für die Logarithmen der Werte Qa ergibt sich gem. Gl. 8.6 eine Gerade:

$$\ln Qa_t = \ln Qa_{t-\Delta t} + \left(-\frac{1}{k}\right) \cdot \Delta t \tag{8.7}$$

Die Retentionskonstante k kann als **Kehrwert der Neigung** dieser Gerade, $k = -1/b$, durch eine entsprechende Regression oder grafisch ermittelt werden (**s. Übungsblatt 11**).

Für die Analyse der Trockenwetterganglinien von Einzugsgebieten werden meist mehrere fallende Abschnitte aus der am Pegel beobachteten Abflussganglinie zu einer Rückgangslinie zusammengefasst. Meistens kann die logarithmierte Kurve jedoch nur abschnittsweise durch eine Gerade angenähert werden, da die Speicherung in Einzugsgebieten und Grundwasserleitern tatsächlich nichtlinear ist [30]. Eine bessere Anpassung lässt sich durch Überlagerung von zwei oder mehr parallelen Speicherfunktionen erzielen, die dann als schneller und langsamer abfließende Komponenten interpretiert werden. Der Algorithmus des Linearspeichers ist ein Grundbaustein vieler hydrologischer Modelle (s. auch Abschnitte 8.4, 8.5, 9.6, 10.2).

8.2 Nichtlinearer Speicher, Seeretention

In vielen Anwendungsfällen, insbesondere bei Talsperren und Rückhaltebecken ist die Nichtlinearität der Beziehungen zwischen Speicherinhalt, Ausfluss und Wasserstand nicht vernachlässigbar und kann definiert werden. Auch hier gilt die **allgemeine Speichergleichung (Gl.8.3)**: $S_i/ \cdot t + Qa_i/2 = (S_{i-1})/\Delta t + (Qz_i + Qz_{i-1} - Qa_{i-1})/2$

8.2 Nichtlinearer Speicher, Seeretention

Die beiden zum Zeitpunkt *i* unbekannten Größen auf der linken Seite der Gleichung hängen im Normalfall voneinander ab, da sie beide Funktionen des Wasserstandes sind. Zur Lösung der Gleichung wird eine Tabelle oder Kurve von Werten $QG = S/\Delta t + Qa/2$ in Abhängigkeit von der Höhe H aufgestellt. Zu jedem Zeitschritt i muss der Wert QG_i gleich dem berechneten Wert der rechten Seite der Gleichung sein. Für diesen Wert QG_i lassen sich aus der Tabelle (durch Interpolation) oder Kurve der Wasserstand H_i und damit auch die gesuchten Größen S_i und Qa_i entnehmen. Der Gang der Ermittlung ist an einem Beispiel grafisch dargestellt.

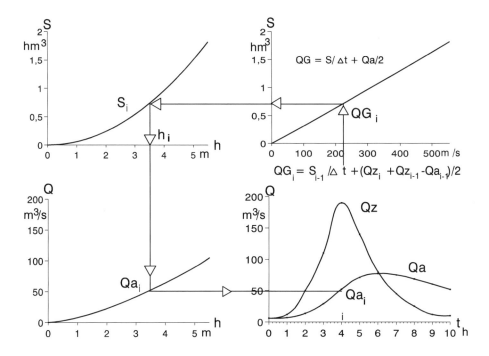

Bild 8-2 Retentionsberechnung für den nichtlinearen Speicher (Seeretention)

Berechnungsgang: Anstelle der grafischen Funktionen (Bild 8-2) werden meist entsprechende Wertetabellen verwendet. Der Algorithmus ist mit wenig Aufwand zu programmieren:

1. Berechnen des Wertes der rechten Seite der Gleichung:
   $QG_i = S_{i-1}/\Delta t + (Qz_i + Qz_{i-1} - Qa_{i-1})/2$
2. Durch Interpolation in den Beziehungen $QG/S/H/Qa$ Ermittlung der gesuchten Werte für den Zeitpunkt i

⇨ **Übungsblatt 12 bearbeitet ein Anwendungsbeispiel zur Seeretention.**

8.3 Nichtlinearer Speicher, Abflussrezession

Lineare Beziehungen sind in der Natur kaum zu erwarten und können nur Näherungslösungen sein. Durch Erweiterung von Gleichung 8.4 (Linearspeicher) lässt sich die Nichtlinearität vieler Speicher berücksichtigen:

$$S = a \cdot Q^b \tag{8.8}$$

Für die Speicherung S in m³ oder mm und den Grundwasserabfluss Q in m³/s bzw. mm/d hat der Faktor a die Einheit m^{3-3b} bzw. mm^{1-b}d^b, während der Exponent b dimensionslos ist. Aufgrund der Kontinuität ohne Zufluss $dS/dt = -Q$ ergibt sich die Formel für den Abflussrückgang des nichtlinearen Speichers, ausgehend von einem Anfangswert $Q_{t-\Delta t}$ bei $b \neq 1$ zu:

$$Q_t = Q_{t-\Delta t} \cdot \left(1 + \frac{(1-b) \cdot Q_{t-\Delta t}^{1-b}}{a \cdot b} \cdot t\right)^{\frac{1}{b-1}} \tag{8.9}$$

Die für die Rückgangslinien täglicher Durchflüsse von über 100 Pegeln in Deutschland, Europa und Australien [30, 31, 32] ermittelten Werte für den Exponenten b konzentrieren sich um einen Mittelwert von etwa 0.5 und weichen damit systematisch von der klassischen Annahme $b = 1$ des linearen Speichers ab. Auch nach der Ableitung in Analogie zum Gesetz von Darcy ergibt sich $b = 0.5$ für ungespannte Grundwasserspeicher, während der Faktor a auf Porenvolumenanteil, Durchlässigkeit und Ausdehnung des Aquifers zurückgeführt werden kann. Es liegt daher für praktische Anwendungen nahe, den Wert des Exponenten der nichtlinearen Speichergleichung auf $b = 0.5$ zu fixieren und hierfür den Koeffizienten a aus den Daten Q der Rückgangslinie zu ermitteln:

$$a = \frac{\Sigma(Q_{i-1} + Q_i)\Delta t}{2\Sigma(Q_{i-1}^b - Q_i^b)} \tag{8.10}$$

Bild 8-3 zeigt eine Rückgangslinie des Abflusses am Pegel Kickenbach/Lenne und die Anpassung der Auslauffunktionen des linearen und nichtlinearen Speichers. Die Funktion des nichtlinearen Speichers erreicht die deutlich bessere Anpassung an den Verlauf der täglichen mittleren Durchflusswerte, woraus auf die bessere Beschreibung des Zusammenhanges zwischen Grundwasserspeicherung und Grundwasserabfluss geschlossen werden kann.

Die Analyse der Rückgangslinien hat Bedeutung bei der Abtrennung des Basisabflusses vom Gesamtabfluss und der Ermittlung der Grundwasserneubildung [3, 30,31,32, 34] (Abs. 10.2).

⇨ **Übungsblatt 11 führt zum Vergleich der Rückgangskurven des linearen und nichtlinearen Speichers anhand eines Datenbeispiels.**

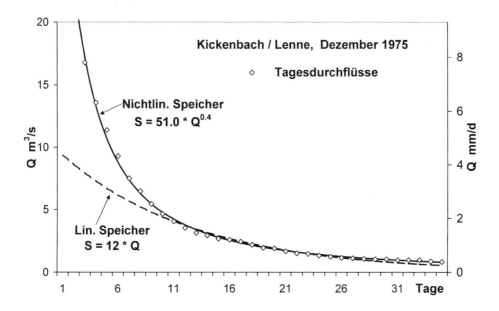

Bild 8-3 Modellierung einer Rückgangslinie des Abflusses mit den Funktionen des linearen Speichers (Gl. 8.6) und des nichtlinearen Speichers (Gl. 8.9)

8.4 Lineare Speicherkaskade

Bei der linearen Speicherkaskade sind n lineare Einzelspeicher mit jeweils der gleichen Speicherkonstanten k (Zeit) hintereinander geschaltet. Aus der Systemfunktion (Auslaufganglinie nach Gl. 8.6 für die Einheitsfüllung $S = 1$) des linearen Einzelspeichers (Gl. 8.11) lässt sich als Systemfunktion der Kaskade Gleichung 8.12, oder für eine gebrochene Anzahl n, Gleichung 8.13 ableiten. Darin ist t die Zeit, „!" bedeutet Fakultät und Γ ist die Gammafunktion, deren Wert nach Tafel 8.1 ermittelt werden kann.

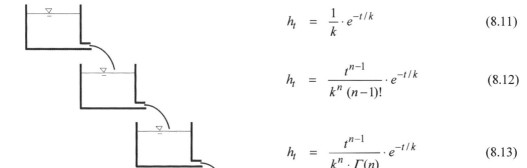

$$h_t = \frac{1}{k} \cdot e^{-t/k} \qquad (8.11)$$

$$h_t = \frac{t^{n-1}}{k^n (n-1)!} \cdot e^{-t/k} \qquad (8.12)$$

$$h_t = \frac{t^{n-1}}{k^n \cdot \Gamma(n)} \cdot e^{-t/k} \qquad (8.13)$$

Bild 8-4 Lineare Speicherkaskade

Die Werte der Gammafunktion für $n < 1$ ($\Gamma = 0, -1, -2, ...$) und $\Gamma > 2$ lassen sich mithilfe der folgenden Formeln berechnen:

$$\Gamma(n) = \frac{\Gamma(n+1)}{n} \qquad \Gamma(n) = (n-1) \cdot \Gamma(n-1)$$

Beispiele:

1. $\Gamma(0.7) = \dfrac{\Gamma(1.7)}{0.7}$
2. $\Gamma(3.5) = 2.5 \cdot \Gamma(2.5) = 2.5 \cdot 1.5 \cdot \Gamma(1.5) = 2.5 \cdot 1.5 \cdot 0.88623 = 3.32336$

Tabelle 8-1 Werte der Gammafunktion $\Gamma(n) = (n-1)!$

n	Γ(n)	n	Γ(n)	n	Γ(n)	n	Γ(n)
1,00	1,00000	1,25	0,90640	1,50	0,88623	1,75	0,91906
1,01	0,99433	1,26	0,90440	1,51	0,88659	1,76	0,92137
1,02	0,98884	1,27	0,90250	1,52	0,88704	1,77	0,92376
1,03	0,98355	1,28	0,90072	1,53	0,88757	1,78	0,92623
1,04	0,97844	1,29	0,89904	1,54	0,88818	1,79	0,92877
1,05	0,97350	1,30	0,89747	1,55	0,88887	1,80	0,93138
1,06	0,96874	1,31	0,89600	1,56	0,88964	1,81	0,93408
1,07	0,96415	1,32	0,89464	1,57	0,89049	1,82	0,93685
1,08	0,95973	1,33	0,89338	1,58	0,89142	1,83	0,93969
1,09	0,95546	1,34	0,89222	1,59	0,89243	1,84	0,94261
1,10	0,95135	1,35	0,89115	1,60	0,89352	1,85	0,94561
1,11	0,94740	1,36	0,89018	1,61	0,89468	1,86	0,94869
1,12	0,94359	1,37	0,88931	1,62	0,89592	1,87	0,95184
1,13	0,93993	1,38	0,88854	1,63	0,89724	1,88	0,95507
1,14	0,93642	1,39	0,88785	1,64	0,89864	1,89	0,95838
1,15	0,93304	1,40	0,88726	1,65	0,90012	1,90	0,96177
1,16	0,92980	1,41	0,88676	1,66	0,90167	1,91	0,96523
1,17	0,92670	1,42	0,88636	1,67	0,90330	1,92	0,96877
1,18	0,92373	1,43	0,88604	1,68	0,90500	1,93	0,97240
1,19	0,92089	1,44	0,88581	1,69	0,90678	1,94	0,97610
1,20	0,91817	1,45	0,88566	1,70	0,90864	1,95	0,97988
1,21	0,91558	1,46	0,88560	1,71	0,91057	1,96	0,98374
1,22	0,91311	1,47	0,88563	1,72	0,91258	1,97	0,98768
1,23	0,91075	1,48	0,88575	1,73	0,91467	1,98	0,99171
1,24	0,90852	1,49	0,88595	1,74	0,91683	1,99	0,99581
1,25	0,90640	1,50	0,88623	1,75	0,91906	2,00	1,00000

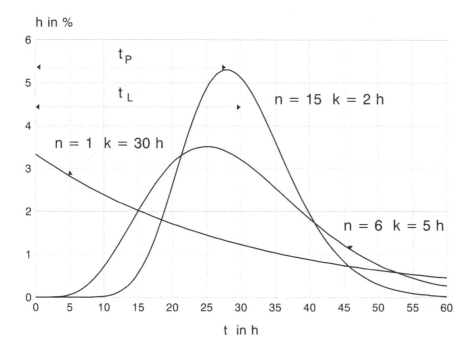

Bild 8-5 Systemfunktionen der linearen Speicherkaskade nach Nash

Durch Variation der Werte n und k lassen sich sehr unterschiedliche Ganglinienformen erzielen (Bild 8-5). Die Laufzeit bis zum Schwerpunkt der Funktion ergibt sich dabei zu $t_L = n \cdot k$, bis zum Scheitel zu $t_P = (n-1) \cdot k$. Die Systemfunktion der Speicherkaskade eignet sich als Einheitsganglinie in Niederschlag-Abfluss-Modellen (Kap. 9) und zur Berechnung des Ablaufes von Hochwasserwellen in Gerinnen (flood routing, Kalinin-Miljukov-Verfahren [23]). Durch Faltung (Kap. 9.3) mit einer Niederschlags- oder Zuflussganglinie wird der Abfluss aus dem Einzugsgebiet oder dem Gerinneabschnitt erhalten.

Die Systemfunktion der Speicherkaskade, Gl. 8.13, entspricht der Gammafunktion und der Verteilungsfunktion nach Pearson-3 (s. Abschnitt 7.2). Nach dem mutmaßlichen Erstanwender des Ansatzes als Systemfunktion, J. E. Nash, wird sie auch oft als Nash-Kaskade [4, 21, 27] bezeichnet.

8.5 Instationärer Speicher (Muskingum-Verfahren)

Sowohl beim linearen Einzelspeicher (8.1) als auch beim nichtlinearen Speicher (8.3) besteht eine eindeutige Beziehung zwischen dem Abfluss Q_a und der Speicherfüllung S. Dieses ist realistisch bei einem Speicher mit waagerechtem Wasserspiegel (z. B. Talsperre ohne Regelung) oder gleich bleibendem Gefälle. Der größte Abfluss Q_{amax} tritt daher bei der größten Speicherfüllung S_{max} ein, wenn also die Größe des Abflusses Q_a die des Zuflusses Q_z erreicht und überschreitet. Daher liegt hier der Scheitel der Abflussganglinie genau auf dem fallenden Ast der Zuflussganglinie!

Beim Ablauf einer Hochwasserwelle durch eine Flussstrecke ergibt sich jedoch meist eine deutliche Scheitelverschiebung. Das Wasserspiegelgefälle und das gespeicherte Volumen ändert sich zeitlich in Abhängigkeit von Zu- und Abfluss. Diese Wirkungsweise kann z. B. durch die Annahme, dass die Flussstrecke aus einer Anzahl n hintereinandergeschalteter Einzellinearspeicher besteht, simuliert werden (Speicherkaskade, Abschn. 8.2, Kalinin-Miljukov-Verfahren [10, 21, 23]). Bei dem vom U.S. Corps of Engineers in den dreißiger Jahren am Muskingum-River in Ohio erprobten Muskingum-Verfahren [4, 23] wird die folgende instationäre Erweiterung der linearen Speicherbeziehung (Gl. 8.4) verwendet:

$$S = k \cdot (x \cdot Qz + (1-x) \cdot Qa) \qquad (8.14)$$

Eingesetzt in die allgemeine Speichergleichung (Gl.8.3) ergibt sich nach Umformungen:

$$Qa_i = c_0 \cdot Qz_i + c_1 \cdot Qz_{i-1} + c_2 \cdot Qa_{i-1} \qquad (8.15)$$

$$c_0 = (-kx + 0.5\ \Delta t)/(k \cdot (1-x) + 0.5\ \Delta t)$$

$$c_1 = (kx + 0.5\ \Delta t)/(k \cdot (1-x) + 0.5\ \Delta t)$$

$$c_2 = (k(1-x) - 0.5\ \Delta t)/(k(1-x) + 0.5\ \Delta t)$$

Die drei Koeffizienten c_0, c_1, c_2 werden für einen bestimmten Flussabschnitt zweckmäßig durch eine Dreifachregression (z. B. Programm MREG) aus gemessenen Zu- und Abflussdaten eines Hochwasserdurchlaufes gemäß Gleichung 8.15 ermittelt. Die Retentionskonstante k (Zeit) und der dimensionslose Koeffizient x, der meist zwischen 0 und 0.5 liegt, können auch wie folgt nach der klassischen Lösungsmethode ermittelt werden. Für ein beobachtetes Hochwasserereignis werden dabei für verschiedene Werte $x = 0.1, 0.2, \ldots$ jeweils berechnet:

$$S_i = S_{i-1} + (Qz_i + Qz_{i-1} - Qa_i - Qa_{i-1})\ \Delta t/2 \quad \text{und} \quad QG_i = x \cdot Qz_i + (1-x) \cdot Qa_i$$

Werden die beiden Größen S und QG gegeneinander aufgetragen, ergibt sich eine schleifenförmige Beziehung (Hysterese), deren mittlere Steigung gem. Gl. 8.14 die Retentionskonstante k ist. Der Wert x, für den sich die engste Schleifenbildung ergibt, und der dazugehörige Wert k werden als die repräsentativen Koeffizienten angenommen. Für diese Lösungsmethode ist Voraussetzung, dass das Zuflussvolumen gleich dem Abflussvolumen (Kontinuität, $c_0 + c_1 + c_2 = 1$) ist. Bei der Ermittlung durch Regression kann auch einer Volumenvergrößerung durch seitliche Zuflüsse ($c_0 + c_1 + c_2 > 1$) Rechnung getragen werden [23].

8.6 Gesteuerte Speicher und Speicherwirtschaft

In den vorangegangenen Abschnitten wurden Modellalgorithmen für natürliche und künstliche Speicher beschrieben, deren Systemfunktionen, die Beziehungen zwischen Speicherinhalt und Abfluss sowie Zufluss, aufgrund der natürlichen oder baulichen Gegebenheiten festliegen und nicht willkürlich beeinflusst werden können. Beim Betrieb von Talsperren und Rückhaltebecken möchte man jedoch meist je nach Bedarf, Vorrat oder verfügbarem Speicherraum steuernd eingreifen und den Speicher bewirtschaften. Regelbare Betriebsauslasse, Grundablasse und Hochwasserentlastungsanlagen (s. Wasserbau) erlauben im Rahmen der hydraulischen Randbedingungen eine Vergrößerung oder Verkleinerung der Wasserabgabe zur Anpassung

8.6 Gesteuerte Speicher und Speicherwirtschaft

an die ökonomischen und ökologischen Erfordernisse oder für den Hochwasserschutz („Kappung" der Hochwasserganglinie). Die verschiedenen Nutzungsarten konkurrieren gewöhnlich miteinander. So fordern die Ziele der Wassernutzung eine maximale Füllung des Speicherraumes, während die des Hochwasserschutzes ein weitgehendes Freihalten nahe legen. Außerdem sollen Bauwerke und Stauraum nicht größer angelegt werden, als wirtschaftlich lohnend und ökologisch vertretbar ist. Die optimale Größe und die optimalen Betriebsregeln werden durch Simulationsrechnungen erarbeitet.

Für die Bemessung der Hochwasserentlastungsanlagen von Talsperren, die über Verschlüsse und Steuerungseinrichtungen verfügen, werden Betriebssimulationen mit Bemessungshochwasserganglinien bestimmter Eintrittswahrscheinlichkeit für eine Vielzahl von Alternativen und Varianten durchgeführt und entsprechende Optima der Regelung ermittelt. Grundlage der Berechnungen, die meist mithilfe der Datenverarbeitung durchgeführt werden, ist die allgemeine Speichergleichung (Gl. 8.3).

Bild 8-6 zeigt die Simulation der Regelung des Bemessungshochwassers PMF „Probable Maximum Flood" für die Ubol Ratana Talsperre in Thailand [15]. Die Abgabe nach Unterwasser, die hier möglichst gering sein soll, wird in Abhängigkeit von der Größe des Zuflusses schrittweise nach der erarbeiteten Strategie erhöht.

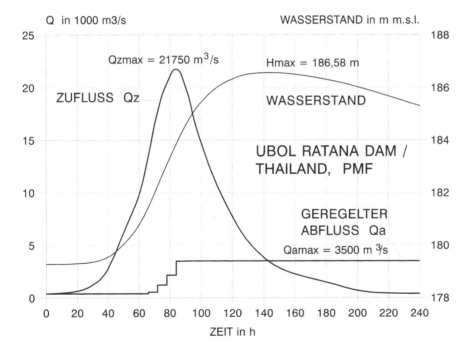

Bild 8-6 Gesteuerter Speicher: Adaptive Hochwasserregelung [15]

Für die Bewirtschaftungsplanung von Talsperren wird der Betrieb für lange gemessene oder künstlich generierte Zuflusszeitreihen simuliert. Dabei wird davon ausgegangen, dass die grundsätzliche Variation der Zuflüsse und die Abfolge von trockeneren und nasseren Jahren auch während der Betriebsdauer des Bauwerkes statistisch ähnlich sind. Je nach Zweck der

Talsperre werden dadurch die Möglichkeiten einer Versorgung mit Trinkwasser, mit Energie als Spitzen- und Grundlast oder von Bewässerungsflächen, ihre Wirtschaftlichkeit und Sicherheit bzw. Ausfallswahrscheinlichkeit durchgespielt und ermittelt. Diese Rechnungen werden mit entsprechenden Computerprogrammen durchgeführt.

Ein vereinfachtes Beispiel solcher Berechnungen ist in Bild 8-7 für ein Jahr in Monatswerten dargestellt. Das Prinzip der Speicherbewirtschaftung ist es, Wasser in Zeiten größerer Zuflüsse zurückzuhalten und aufzuspeichern und bei Bedarf, insbesondere in Zeiten geringeren Wasserdargebots abzugeben und verfügbar zu machen.

In dem Beispiel werden, wie bei vielen Talsperren, die zu nutzenden Wassermengen in den Fluss abgegeben, bei Wasserkraftnutzung möglichst durch die Turbinen des Krafthauses, ansonsten durch Betriebsauslasse, um weiter unterhalb als Uferfiltrat, zur Bewässerung usw. dem Fluss entnommen zu werden. Solange die Zuflüsse den Bedarf übersteigen, kann der Speicher unter Freilassung eines Hochwasserschutzraumes angefüllt werden. Sobald der Bedarf größer ist als der Zufluss (Defizit), wird Wasser aus dem Speicher entnommen. Die Summe der Differenzen zwischen Bedarf und Zufluss während der Defizitzeit ergibt den minimal erforderlichen nutzbaren Speicherraum $Smin = \Sigma(QB - Qz)$. Dieses Volumen muss mit einer festgesetzten Wahrscheinlichkeit auch in zuflussarmen Jahren ausreichen. Zuschläge sind für Verluste aus Verdunstung und Versickerung und eine Mindestfüllung der Talsperre zu berücksichtigen.

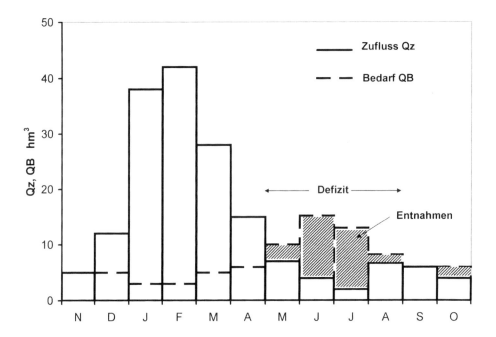

Bild 8-7 Einfaches Beispiel einer Speicherbetriebssimulation, $Smin = \Sigma(QB - Qz)$.

⇨ **Übungsaufgabe 17 behandelt Grundsätze der Speicherbewirtschaftung.**

9 Niederschlag-Abfluss-Modelle

Ein Niederschlag-Abfluss-Modell ist ein Rechenverfahren zur Bestimmung von Abflüssen aus Gebietsniederschlägen. Je nach Zweck und Möglichkeiten reicht die Bandbreite dieser Verfahren von einfachen Umrechnungsgleichungen bis zu komplexen Computerprogrammen [10,11, 20, 21, 24, 26,27,30].

Um vertrauenswürdige Ergebnisse zu liefern, müssen Niederschlag-Abfluss-Modelle den Charakteristiken des jeweiligen Flussgebietes durch entsprechende Wahl der Kennwerte angepasst werden. Diese Eichung (Kalibrierung) erfolgt zweckmäßig anhand gemessener Niederschlags- und Abflussdaten des Gebietes oder eines hydrologisch ähnlichen Gebietes.

Niederschlag-Abfluss-Modelle werden sowohl für die Bestimmung des Wasserdargebotes, z. B. in mittleren Monatswerten, als auch von Hochwasserabflüssen im Kurzzeitbereich aus Niederschlägen eingesetzt. Da Niederschlagsaufzeichnungen wesentlich häufiger und für größere Zeitspannen zur Verfügung stehen als Abflussdaten und auch für das betrachtete Projektgebiet bestimmt werden können, wogegen gemessene Abflüsse nur für die Pegelstelle gelten, kommt den Modellen große Bedeutung bei der Ermittlung von Bemessungsgrößen zu.

9.1 N-A-Modelle zur Hochwasserberechnung

Bei allen Bemessungen von Wasserbauten, bei denen Speicherung auftritt, z. B. bei Rückhaltebecken und Talsperren, aber auch in Flussabschnitten ist der maximale Abflusswert einer bestimmten Eintrittswahrscheinlichkeit als Bemessungsgröße nicht ausreichend. Hier ist vor allem Form und Volumen der Hochwasserwellen ausschlaggebend. Das Einzugsgebiet eines Flusses nimmt den Gebietsniederschlag (Starkregen) auf und gibt einen Teil entsprechend seinen Speicherungs- und Abflusseigenschaften verzögert als Hochwasserwelle wieder ab. Das Verfahren der Einheitsganglinie [4, 10,11, 21, 24, 27, 28] ist das klassische Beispiel eines N - A - Modells zur Ermittlung von Hochwasserbemessungsganglinien für Einzugsgebiete bis zu einigen Hundert km² Größe.

9.2 Einheitsganglinie

Es kann beobachtet werden, dass verschiedene Regenereignisse kurzer Dauer in einem Einzugsgebiet einander ähnliche Abflussganglinien hervorrufen, deren Größe im Wesentlichen von der Regenhöhe abhängt. Der Amerikaner Sherman formulierte daraus 1932 als erster die Theorie der Einheitsganglinie (Unit Hydrograph):

> **Die Einheitsganglinie ist die Reaktion des Einzugsgebietes (Systemantwort) auf eine Einheit (1 mm) abflusswirksamen Niederschlages (Eingangsimpuls) einer bestimmten Dauer Δt.**

Die Einheitsganglinie ist also die Ganglinie des Direktabflusses, wenn genau 1 mm Niederschlag, der in einem Zeitintervall Δt gefallen ist, zum Abfluss gelangt.

Ein Einzugsgebiet wird aufgefasst als lineares und zeitinvariantes Übertragungssystem für Niederschlag in Abfluss.

– Linearität bedeutet, dass bei Vergrößerung oder Verkleinerung des Niederschlagsimpulses sich die Ordinaten der resultierenden Abflussganglinie dazu proportional verändern.

– Zeitinvarianz bedeutet, dass diese Reaktion des Einzugsgebietes sich nicht verändert, sondern zu jeder Zeit die gleiche ist.

Voraussetzung für die Anwendbarkeit der Einheitsganglinie ist, dass der Niederschlag über dem Einzugsgebiet bei allen Ereignissen gleichmäßig oder nach dem gleichen Muster verteilt angenommen werden kann. Andere Beregnungsverteilungen würden andere Formen der Einheitsganglinien verursachen. Abhängig von den regionalen Niederschlagscharakteristiken ist die Anwendung daher auf Einzugsgebiete von 100 bis wenigen Tausend km^2 Fläche beschränkt.

Wie in Bild 9-1 dargestellt, wird die Umformung einer Niederschlagsganglinie hN_t in die Abflussganglinie Q_t durch Multiplikation mit der Einheitsganglinie h_t und zeitverschobene Überlagerung (Faltung) berechnet. Der Niederschlag hN_1 verursacht die Abflussganglinie Q_1, der Niederschlag hN_2 die Ganglinie Q_2 und der Niederschlag hN_3 die Ganglinie Q_3. Die Größe dieser Teilabflusswellen ist proportional zu dem jeweiligen Niederschlag. Die Überlagerung der drei Teilwellen ergibt den Abfluss Q.

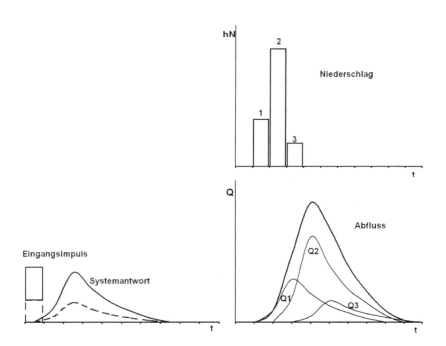

Bild 9-1 Modellvorstellung der Einheitsganglinie,
links: Prinzip der Linearität - rechts; Prinzip der Faltung

9.3 Faltung (Übung 13)

Das beschriebene Prinzip der Faltung wird als Beispiel in einer Listenrechnung demonstriert:

Aus den Werten einer Einheitsganglinie h_k und Niederschlagshöhen hN_i in Zeitintervallen Δt werden Werte des Direktabflusses Q_i durch Überlagerung der Teilganglinien $Q1,2,3 \ldots_i$ bestimmt:

i, k	1	2	3	4	5	6	7	8	9	10	Δt
h_k	0	1	3.6	2.4	1.4	0.8	0.3	0			m³/(s·mm)
hN_i	10	20	5								mm
$Q1_i$	0	10	36	24	14	8	3	0			m³/s
$Q2_i$		0	20	72	48	28	16	6	0		m³/s
$Q3_i$			9	5	18	12	7	4	1.5	0	m³/s
$\Sigma = Q_i$	0	10	56	101	80	48	26	10	1.5	0	m³/s

Es ist ersichtlich, dass der durchgeführte Rechengang der Faltung durch das folgende System von n linearen Gleichungen beschrieben wird:

$Q_1 = hN_1 \cdot h_1$

$Q_2 = hN_2 \cdot h_1 + hN_1 \cdot h_2$

$Q_3 = hN_3 \cdot h_1 + hN_2 \cdot h_2 + hN_1 \cdot h_3$

$Q_4 = hN_4 \cdot h_1 + hN_3 \cdot h_2 + hN_2 \cdot h_3 + hN_1 \cdot h_4$

$\vdots$

$Q_n = hN_n \cdot h_1 + hN_{n-1} \cdot h_2 + \ldots + hN_1 \cdot h_n$ (9.1)

Entsprechend lässt sich der Algorithmus der Faltung für Werte Qi im Zeitschritt Δt formulieren und mittels zweier Laufanweisungen programmieren:

$$Q_i = \sum_{k=1}^{i}(hN_{i-k+1} \cdot h_k) \qquad (9.2)$$

Wenn der Zeitschritt infinitesimal klein ist, wird daraus das Faltungsintegral

$$Q_t = \int_0^t (hN_{t-\tau} \cdot h_\tau)\, d\tau \qquad (9.3)$$

Die Einheitsganglinie für die fiktive Niederschlagsdauer $d\tau$ heißt momentane EGL (Instantaneous Unit Hydrograph). Die Faltung (Convolution) eines Eingangssignals mit einer Systemfunktion (Einheitsganglinie) beschreibt allgemein den Übertragungsmechanismus eines linearen, zeitinvarianten Systems. Es wird deshalb z. B. auch in der Nachrichtentechnik benutzt. In der Hydrologie kann dieses System ein Einzugsgebiet sein, das Niederschlag in Direktabfluss umwandelt oder ein Flussabschnitt, der oben eine Zuflussfolge (Hochwasserwelle) aufnimmt und unten verformt wieder abgibt. Dabei sind die Vorgänge immer verzögernd (der Abflussvorgang dauert länger als der Niederschlag, nicht umgekehrt).

9.4 Bestimmung der Einheitsganglinie

9.4.1 Berechnung aus Niederschlags- und Abflussdaten

Da die Einheitsganglinie die Übertragungsfunktion abflusswirksamen Niederschlages in Direktabfluss ist, muss vor ihrer Berechnung von den Ganglinien abgetrennt werden:

- „Verlustrate" des Niederschlages, d. h. der Anteil, der länger im Einzugsgebiet verweilt und nicht zu Direktabfluss wird. Die Verluste sind zu Anfang des Ereignisses erhöht. Sie hängen von der Sättigung und Infiltrationskapazität des Bodens ab. Die vereinfachende Annahme, dass der abflusswirksame Anteil in jedem Zeitintervall proportional zum Gesamtniederschlag ist, zeigt jedoch meist befriedigende Ergebnisse. Der Proportionalitätsfaktor a, genannt Abflussverhältnis (früher: Abflussbeiwert ψ), ist der Quotient aus Abflusshöhe und Niederschlagshöhe $a = hQ/hN$.

- „Basisabfluss", bestehend aus Zwischenabfluss und Grundwasserabfluss, da es nur um den Direktabfluss geht. Die Abtrennung kann durch ein Polynom 3. Grades (spline) zwischen einem Endpunkt erfolgen (Bild 9-2). Näherungsweise hat sich die Annahme konstanten Basisabflusses bis unter den Abflussscheitel und danach lineare Zunahme bis zum Endpunkt bewährt.

Die Einheitsganglinie könnte nun direkt durch schrittweise Auflösung des Gleichungssystems (Gl. 9.1) nach den Unbekannten hi aus gegebenen Werten Qi (Direktabfluss) und Effektivniederschlag hN,i berechnet werden. Hierbei führen jedoch oft schon kleine Datenungenauigkeiten und Abweichungen des Systems von den Grundannahmen der Linearität und Zeitinvarianz zu einer Fehlerfortpflanzung, die sich in Oszillationen, einer Zickzackform der berechneten Ganglinie, äußert.

Es empfiehlt sich Fehlerausgleich durch die Bestimmung der Einheitsganglinie nach dem Verfahren der kleinsten Fehlerquadratsumme.

In dem o. g. Gleichungssystem (Gl.9.1) ist die Anzahl der Gleichungen n (= Anzahl der Abflusswerte) größer ist als die gesuchte Anzahl der Werte der Systemfunktion nh. Zwischen diesen Zahlen und der Anzahl der Niederschlagswerte m besteht die Beziehung:

$$n = m + nh - 1 \quad \text{oder} \quad nh = n - m + 1$$

Es steht also ein überbestimmtes System von n linearen Gleichungen zur Bestimmung von nh Unbekannten h zur Verfügung. Zur Auflösung empfiehlt sich ein Rechnerprogramm. Die Reduktion auf ein bestimmtes System von nh Gleichungen geschieht nach dem Gaußschen Algorithmus, die Auflösung z. B. nach Gauß-Jordan. Bild 9-2 zeigt das Ergebnis einer Berechnung für ein komplexes Ereignis durch das Fortran-Programm KQUHN des Verfassers.

9.4 Bestimmung der Einheitsganglinie

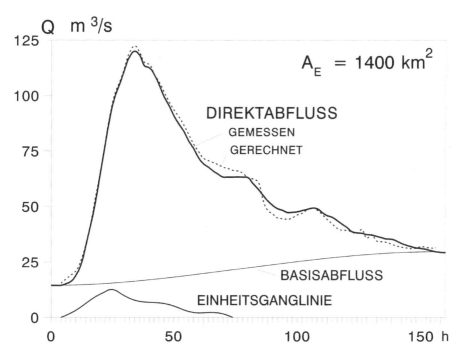

Bild 9-2 Berechnung der Einheitsganglinie aus gemessenem Abfluss und Niederschlag

9.4.2 Berechnung der Einheitsganglinie aus einer Hochwasserganglinie nach der Reduktionsmethode (Übung 14)

Lassen sich kurze, eingipflige Hochwasserganglinien finden, von denen anzunehmen ist, dass sie durch einen kurzen Blockregen ausgelöst wurden, so lässt sich nach Abtrennung des Basisabflusses eine Einheitsganglinie durch Reduktion der Direktabflussganglinie auf 1 mm Abflussvolumen einfach bestimmen (Bild 9-3).

Dazu wird das Volumen der Ganglinie des Direktabflusses durch Aufsummierung der Ordinatenwerte in m³/s und Multiplikation mit dem Zeitschritt der Werte Δt in s berechnet. Das Volumen wird durch die Fläche des Einzugsgebietes in km² und durch 1000 dividiert, um die Abflusshöhe in mm zu erhalten. Durch Division der Direktabflusswerte durch die Abflusshöhe ergibt sich die Einheitsganglinie. Ein Zahlenbeispiel ist in Übungsaufgabe 14 gegeben.

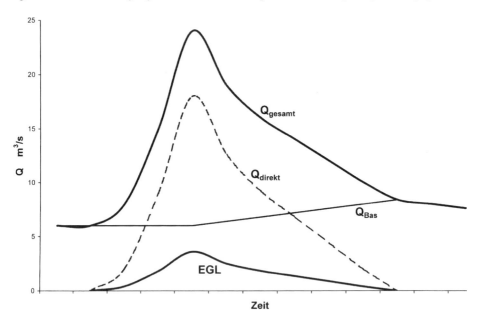

Bild 9-3 Ermittlung einer Einheitsganglinie EGL mit der Reduktionsmethode

9.4.3 Berechnung der Einheitsganglinie ohne hydrologische Daten Isochronen-Verfahren, „Synthetische Einheitsganglinien"

Die Zeit, die das Niederschlagswasser, das auf einen Ort eines Einzugsgebietes gefallen ist, benötigt, um am betrachteten Gewässerquerschnitt anzukommen, wird Konzentrationszeit genannt. Nach den hydraulischen Gesetzmäßigkeiten ist die Geschwindigkeit des Abflusses proportional zur Wurzel des Gefälles. Folglich haben die Formeln zur Schätzung der Konzentrationszeit die folgende Form:

9.4 Bestimmung der Einheitsganglinie

$$T_C = a \cdot \left(\frac{L}{\sqrt{I}}\right)^b \text{ in h} \quad (9.4)$$

L Fließweg (Länge des Wasserlaufes) in km

I Gefälle des Wasserlaufes in m/m

In der Formel von Kirpich [4, 21] wurden die Koeffizienten a und b für kleine, steile Einzugsgebiete ohne Wald in Tennessee, USA durch Regression zu $a = 0.07$ und $b = 0.77$ ermittelt. Während sich der Exponent b für unterschiedliche hydrologische Verhältnisse als relativ stabil erwies, hängt der Faktor a von der Rauheit der Oberflächen und der Regenintensität ab. Unter durchschnittlichen Verhältnissen in Mitteleuropa (Vegetation, Speicherung usw.) kann der Faktor leicht zu $a > 0.2$ werden. Bei Anwendung in einem Gebiet sollte der Wert a an in der Region gemessenen Hochwasserganglinien kalibriert werden.

Als Arbeitsgleichung kann also folgende Version der Gleichung 9.4 benutzt werden:

$$T_C = a \cdot \left(\frac{L}{\sqrt{I}}\right)^{0.77} \quad (9.5)$$

Die in der Literatur oft anzutreffende Version der Kirpich-Formel mit einem Exponenten von 0.385 steht nicht im Widerspruch dazu, da dort der Klammerausdruck bereits quadriert wird.

Die folgenden Arbeitsschritte führen zur Konstruktion der Isochronen und zur Bestimmung der synthetischen Einheitsganglinie:

Für den Hauptwasserlauf und seine Nebenläufe wird jeweils abschnittsweise die Konzentrationszeit T_C von der Wasserscheide zu verschiedenen Punkten am Wasserlauf, für die Höhen, z. B. aus der topografischen Karte, bekannt sind, berechnet. Danach wird die Längen-Zeiten-Tabelle „umgedreht", d. h., auf den Gebietsauslass oder Betrachtungspunkt am Gewässer bezogen ($L/Tc \rightarrow L^*/Tc^*$). Durch Interpolation werden die Abstände vom Gebietsauslass entsprechend den gewählten Zeitintervallen ermittelt. Die Verbindung der Entfernungsmarken an den Wasserläufen unter Berücksichtigung der Topografie ergibt Linien gleicher Konzentrationszeit, Isochronen. Durch Planimetrieren der dazwischen liegenden Teilflächen erhält man das Fließzeit-Flächen-Diagramm. Dieses entspricht einer Einheitsganglinie, wenn die Flächenwerte in km^2 mit 1000 multipliziert und durch die Anzahl der Sekunden des gewählten Zeitintervalls dividiert werden. Die Speicherung (Auslauflinie) des Einzugsgebietes ist bei dieser Einheitsganglinie oft nicht zufriedenstellend berücksichtigt. Deshalb wird oft ein linearer Einzelspeicher nachgeschaltet.

Das folgende Beispiel zeigt eine Berechnung für einen Wasserlauf. Dabei wurde der Faktor $a = 0.2$ angenommen. In Bild 9-4 ist eine Auswertung für das Einzugsgebiet des Petit Balé in Burkina Faso, Westafrika, dargestellt [28].

Beispiel: Berechnung zur Konstruktion von Linien gleicher Konzentrationszeit (Isochronen)
$a = 0.2$

Station	Höhe m	L km	I m/m	Tc h	Tc* h	L* km
		von der Wasserscheide aus			vom Gebietsauslass	
1 Wasserscheide	288	0		0		17.0
2	280	1.1	0.00727	1.4	15.6	15.9
3	270	2.5	0.00720	2.7	14.2	14.5
4	260	4.4	0.00636	4.4	12.9	13.6
5	250	6.8	0.00559	6.4	11.2	10.2
6	240	9.7	0.00495	8.9	9.2	7.3
7	230	13.0	0.00446	11.6	6.7	4.0
8	228	17.0	0.00353	15.6	4.0	0
					0	

Durch Interpolation werden die Abstände am Gewässer vom Pegel in diesem Fall für Zeitintervalle $\Delta Tc^* = 2$ h ermittelt:

Tc* in h	0	2	4	6	8	10	12	14
L* in km	0	2	4	6.44	8.8	11.6	14	15.8

Bei sehr kleinen Einzugsgebieten kann auf eine Einteilung in Isochronenflächen verzichtet werden. In Bild 9-5 ist ein gemessenes Niederschlag-Abflussereignis in einem kleinen, steilen algerischen Einzugsgebiet im Flussgebiet des Oued Mina, Algerien, dargestellt.

Theoretisch erreicht der Abfluss von einem Einzugsgebiet bei Beregnung mit gleich bleibender Intensität sein Maximum nach Ablauf der Konzentrationszeit T_{Cmax} für den weitest entfernten Punkt, da dann das gesamte Gebiet zum Abfluss beiträgt.

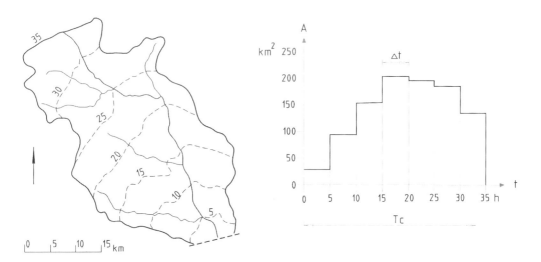

Bild 9-4 Isochronen in einem Einzugsgebiet und Fließzeit-Flächen-Diagramm

9.4 Bestimmung der Einheitsganglinie

In erster Näherung kann daher $Tcmax$ als die Anstiegszeit Tp einer Hochwasserwelle interpretiert werden. Ebenfalls ergibt sich daraus, dass die für den Spitzenabfluss maßgebliche Dauer D hoher Niederschlagsintensität gleich der Anstiegszeit ist (Tc = Tp = D). Die Basiszeit Tb oder Dauer der Hochwasserganglinie kann aus typischen beobachteten Ereignissen des Gewässers oder der Region abgeschätzt werden. Unter Annahme einer Dreiecksform des Hydrographen kann dann der Scheitelabfluss Qp aus der Geometrie bestimmt werden (s. folgendes Beispiel).

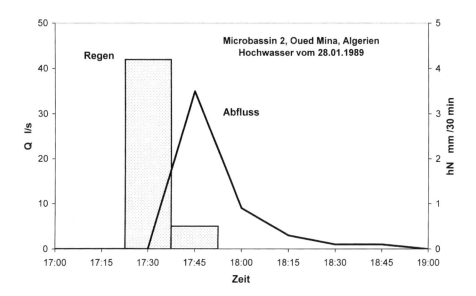

Bild 9-5 Niederschlag und Abfluss in einem kleinen Einzugsgebiet, Algerien

Beispiel (s. auch Übung 15):
Für das kleine Einzugsgebiet (Bild 9-5) wurden die folgenden Parameter ermittelt:

Fläche des Einzugsgebietes	A_E	$= 0.448 \text{ km}^2$
50-jährliche Tagesniederschlagshöhe	hN	= 80 mm, Abflussanteil a = 40 %
Länge des Gewässerbettes (Ravine)	L	= 1.150 km (Wasserscheide bis Kontrollpunkt)
Gesamthöhenunterschied	Δh	= 157 m
Gefälle	I	$= \Delta h/L = 0.136$
Konzentrationszeit nach Gl. 9.5	T_C	$= 0.07 \cdot \left(\dfrac{1.15}{\sqrt{0.136}}\right)^{0.77} = 0.168 h = 10 \min$

Das gemessene Ereignis bestätigt die erhaltene Größenordnung $T_C \approx Tp$. Näherungsweise kann in diesem Fall eine Basiszeit der dreieckförmigen Ganglinie von $Tb \approx 3\, Tp \approx 3\, T_C$ angesetzt werden (Bild 9-4).
Kritische Niederschlagsdauer $D = Tc$, Gl. 9.5, 2: $hN(D)_T = 0.39 \cdot 0.168^{0.333} \cdot 80 = 17$ mm. Der Spitzenabfluss einer Dreieckswelle ergibt sich daraus zu:

$$Qp_T = 2 \cdot A_E \cdot hN(D)_T \cdot a/Tb = 2 \cdot A_E \cdot hN(D)_T \cdot a/(3\ Tc)$$

$$Qp_{50} = 2 \cdot 0.448 \cdot 1000 \cdot 17 \cdot 0.4/(3 \cdot 3600 \cdot 0.168) = 3.4\ m^3/s$$

Für weitere Möglichkeiten der Bestimmung von Einheitsganglinien aus regionalen Kennwerten ohne Verfügbarkeit von Abflussdaten wird auf die umfangreiche Literatur hingewiesen [3, 4, 10, 11, 20, 21, 27]. Besondere Bedeutung haben hier die Systemfunktionen der linearen Speicherkaskade (Kap.8.3) und der doppelten parallelen Speicherkaskade [3, 20, 27].

9.4.4 Änderung der Bezugsdauer einer Einheitsganglinie, S-Kurven-Verfahren

Die Einheitsganglinie ist die Systemantwort eines Einzugsgebietes auf einen abflusswirksamen Niederschlag von 1 mm in einem Zeitintervall Δt. Die Form der Einheitsganglinie hängt daher von der Bezugsdauer Δt ab. Um die Dauer zu verlängern, z. B. von 1 auf 2 h, genügt es, zwei EGL um eine Stunde versetzt zu überlagern und das Ergebnis durch 2 zu dividieren. Es wird also die Faltung angewandt (Gl. 9.1, 9.2), wobei die Niederschlagsdauer gleich der gewünschten neuen Basisdauer ist und die Höhe 1 mm sich auf die Niederschlagsintervalle verteilt. Um die Dauer zu verkleinern, kann ebenfalls das Gleichungssystem 9.1 sinngemäß angewandt werden. Die Werte Qi sind nun die Werte der Ausgangseinheitsganglinie. Die EGL kürzerer Dauer ist durch die schrittweise zu berechnenden Werten hi gegeben.

Eine vergleichbare Methode ist das S-Kurven-Verfahren [4,21]. Die S-Kurve ist die Abflussganglinie, die sich bei gleichbleibender Niederschlagsintensität von 1 mm/-t einstellt und durch Faltung mit der EGL erhalten wird. Wenn das gesamte Einzugsgebiet zum Abfluss beiträgt,

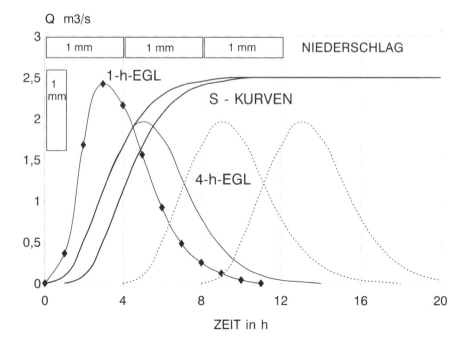

Bild 9-6 Umformung von Einheitsganglinien durch das S-Kurven-Verfahren

nimmt dieser einen konstanten Wert an. In Bild 9-6 sind EGL und S-Kurve für $\Delta t_1 = 4$ h dargestellt. Bei Verschiebung der S-Kurve um das gewünschte kleinere Intervall, z. B. $\Delta t_2 = 1$ h, ist die Differenz beider S-Kurven die gesuchte Systemantwort für $\Delta t_2/\Delta t_1 \cdot 1$ mm Niederschlag. Multipliziert mit $\Delta t_1/\Delta t_2$, im Beispiel also mit 4, ergibt sich die gesuchte Einheitsganglinie kürzerer Bezugsdauer.

9.5 Intensität des Bemessungsniederschlages

In den meisten Messstationen wird der Niederschlag einmal am Tage, meist um 7 oder 7.30 Uhr morgens gemessen. Die Wahrscheinlichkeitsanalysen maximaler Niederschläge werden daher für jährliche Tagesmaxima durchgeführt.

Für die Berechnung des Hochwasserabflusses aus dem Bemessungsniederschlag werden auch die wahrscheinlichen Maxima des Niederschlages für kürzere Zeitdauern, z. B. 1 h, benötigt.

Durch statistische Auswertung von Regenschreiberaufzeichnungen wurden für viele Stationen die Beziehungen zwischen Eintrittswahrscheinlichkeit, Niederschlagsdauer und Niederschlagshöhe ermittelt. Für Westdeutschland hat der Deutsche Wetterdienst die Schrift „Starkniederschlagshöhen für die Bundesrepublik Deutschland", DWD 1990, erarbeitet. Tabelle 9.1

Tabelle 9-1 Niederschlagshöhen hN in mm in Abhängigkeit von der Niederschlagsdauer D und dem Wiederkehrintervall T für die Station Lüneburg, Deutscher Wetterdienst, 1990
$hN(D,T) = u(D) + w(D) \cdot \ln T$ mm,
Niederschlagsspende: $RN(D,T) = F(D) \cdot hN(D,T)$

T in a	0.5	1.0	2.0	5.0	10	20	50	100	u(D)	w(D)	F(D)
D				hN mm							
5 min	4.8	5.2	5.7	6.3	6.8	7.2	7.8	8.3	5.2	0.661	33.33
10 min	6.1	7.7	9.2	11.2	12.8	14.3	16.4	17.9	7.7	2.219	16.67
15 min	6.9	9.1	11.3	14.1	16.3	18.5	21.3	23.5	9.1	3.131	11.11
20 min	7.5	10.1	12.7	16.2	18.8	21.4	24.9	27.5	10.1	3.777	8.333
30 min	8.3	11.5	14.8	19.1	22.3	25.6	29.9	33.1	11.5	4.689	5.556
45 min	9.1	13.0	16.8	22.0	25.8	29.7	34.9	38.7	13.0	5.600	3.704
60 min	9.6	14.0	18.3	24.0	28.3	32.7	38.4	42.7	14.0	6.246	2.778
90 min	11.1	15.6	20.1	26.1	30.6	35.1	41.0	45.5	15.6	6.492	1.852
2 h	12.2	16.8	21.4	27.5	32.1	36.7	42.9	47.5	16.8	6.666	1.389
3 h	13.6	18.4	23.2	29.5	34.3	39.1	45.5	50.3	18.4	6.911	0.926
4 h	14.7	19.6	24.5	31.0	35.9	40.8	47.3	52.2	19.6	7.085	0.694
6 h	16.2	21.2	26.3	33.0	38.1	43.2	49.9	55.0	21.2	7.330	0.460
9 h	17.6	22.9	28.1	35.1	40.3	45.6	52.5	57.8	22.9	7.575	0.309
12 h	18.7	24.1	29.4	36.5	41.9	47.3	54.4	59.7	24.1	7.749	0.231
18 h	21.0	26.7	32.3	39.8	45.5	51.1	58.6	64.3	26.7	8.169	0.154
24 h	22.8	28.7	34.6	42.3	48.2	54.1	61.8	67.7	28.7	8.466	0.116
48 h	27.9	34.3	40.6	49.1	55.4	61.8	70.2	76.6	34.3	9.183	0.058
72 h	31.4	38.0	44.7	53.5	60.1	66.8	75.6	82.2	38.0	9.602	0.039

zeigt Ergebnisse für die Station 48434, Lüneburg, des DWD. Die Station hat die Koordinaten 53°16'2" N und 10° 25' 31" E mit der Höhe 11m üNN. Ausgewertet wurden Starkniederschläge der Monate Mai-September der Jahre 1951-1980 ohne 1959.

Der vom Deutschen Wetterdienst (DWD) herausgegebene Starkregenkatalog KOSTRA-DWD (**Ko**ordinierte **St**arkniederschlags-**R**egionalisierungs-**A**uswertungen) [17] enthält Karten und Informationen über die Starkniederschlagshöhen für Deutschland in Abhängigkeit von Dauerstufe und Wiederkehrzeit auf der Basis der Messreihen 1951-2000.

In vielen Regionen und Ländern wurden empirische Formeln zur Umrechnung von Tagesniederschlägen in Niederschlagshöhen kleinerer Zeitdauern entwickelt, z. B.:

1. $hN(D)_T = 0.51 \cdot D^{0.25} \cdot hN1_T$ Deutschland (Emscher & Ruhr) [14] (9.5)

2. $hN(D)_T = 0.39 \cdot D^{0.333} \cdot hN1_T$ Matemore, Algerien

3. $hN(D)_T = 0.35 \cdot D^{0.333} \cdot hN1_T$ Taiwan & Japan

hN Niederschlagshöhe in mm, D Niederschlagsdauer in h, hN1 max. Tagesniederschlag, T Wiederkehrintervall in a

Tabelle 9-2 zeigt die den Ansätzen für Dauern D entsprechenden Prozentanteile der maximalen Tagesniederschlagshöhe. Danach können z. B. in Norddeutschland mehr als 50 % der maximalen Tagesniederschlagshöhe in 1 Stunde fallen (s. auch Tab. 9-1). Der 24-Stunden-Niederschlag ist höher als der Tagesniederschlag. Dieses erklärt sich daraus, dass die Tageswerte immer für das Zeitintervall von 7:30 bis 7:30 Uhr ermittelt werden, das nicht unbedingt das Maximum von 24 Stunden enthält.

Tabelle 9-2 Maximale Niederschlagshöhen für die Dauer D in % des max. Tagesniederschlages (Gl. 9.5)

D in h	Formel 1	Formel 2	Formel 3
	% der Tagesniederschlagshöhe		
24	113	112	101
12	95	89	80
6	80	71	64
3	67	56	50
1	51	39	35
0.5	42	31	28
0.35	36	26	23
0.167	33	21	19

9.6 Monatswerte des Abflusses aus Niederschlagsdaten

Niederschlag-Abfluss-Modelle werden auch zur Generierung von Zeitreihen des Wasserdargebotes genutzt [10, 11, 21, 24]. Im Folgenden wird ein einfaches autoregressives Modell für Monatswerte beschrieben. Der mittlere Abfluss in einem Monat i setzt sich zusammen aus einem Teil c des Niederschlages dieses Monats, der grob dem Direktabfluss entspricht und aus Anteilen der Niederschläge vorangegangener Monate, die als Trockenwetterabfluss den Speicher Einzugsgebiet verlassen. Der Trockenwetterabfluss des Monats i kann als ein konstanter Anteil b des Abflusses des Vormonats i-1 angenommen werden (vergl. 8.1 Linearer Speicher).

9.6 Monatswerte des Abflusses aus Niederschlagsdaten

Als einfachstes Modell zur Übertragung von Niederschlag in Abfluss folgt daraus:

$$hQi = c \cdot hP_i + b \cdot hQ_{i-1} \tag{9.6}$$

Tatsächlich ist zumindest c keine Konstante, da der Anteil des zum Abfluss gelangenden Niederschlages (Abflussverhältnis) jahreszeitlich mit der Evapotranspiration stark schwankt, was in einem weiteren Modellschritt, z. B. einer Sinusfunktion, berücksichtigt werden könnte. Für gegebene Zeitreihen des Abflusses und Gebietsniederschlages können durch das Verfahren der linearen Mehrfachregression die beiden Koeffizienten a und b bestimmt werden.

Der in Gl. 9.6 gegebene Regressionsansatz entspricht dem Modell des linearen Speichers (Abschnitt 8.1, Gl. 8.5). Gleichung 9.6 erhält dann die Form:

$$hQi = (a \cdot hN_i + (k - 0.5\, \Delta t) \cdot hQ_{i-1}) / (k + 0.5\, \Delta t) \tag{9.7}$$

mit:

hQi mittlere Abflusshöhe im Monat i in mm
hQ_{i-1} mittlere Abflusshöhe des Vormonats (i-1)
hN_i Niederschlagshöhe des Monats i in mm
a Abflussanteil des Niederschlages (Abflussverhältnis)
Δt Zeitschritt, hier 1 Monat
k Retentions- oder Speicherkonstante in Monaten

Beispiel: Die Gleichungen wurden auf Monatswerte des Gebietsniederschlages im Einzugsgebiet des Radjwali in Nepal von 1983 bis 1986 angewandt. Der mittlere Abflussanteil ergab sich zu $a = 0.408$, die Retentionskonstante zu $k = 1.1$ Monate. Gleichung 9.7 wird für diesen Fall:

$$hQ_i = (0.408 \cdot hP_i + 0.6 \cdot hQ_{i-1})/1.6 \quad \text{oder}$$

$$hQ_i = 0.255 \cdot hP_i + 0.375 \cdot hQ_{i-1}$$

Die Koeffizienten in der zweiten Gleichung lassen sich aus Niederschlags- und Abflusshöhen auch mit einer Zweifachregression ermitteln. Bild 9-7 zeigt die Ergebnisse einer Berechnung. Zum Vergleich sind die gemessenen Abflüsse ebenfalls abgebildet.

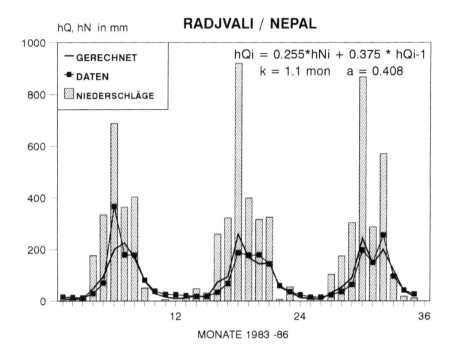

Bild 9-7 Bestimmung monatlicher Abflusshöhen aus Niederschlag

10 Hydrologische Verfahren zur Ermittlung der Grundwasserneubildung

Der oberflächennahe Grundwasserspeicher, der am Wasserkreislauf teilnimmt, ist für die Natur und die Wasserwirtschaft von besonderer Bedeutung. Der größte Teil (rund 80 %) des Wassers in unseren Flüssen entstammt diesem Speicher aus dem es durch die Ufer und die Sohle in das Gewässer austritt (exfiltriert). In niederschlagsarmen Zeitabschnitten geht der Direktabfluss gegen Null, sodass aus der Größe der Trockenwetter- und Niedrigwasserabflüsse und ihrer Auslaufcharakteristik auf das gespeicherte Volumen und die Neubildung des Grundwassers geschlossen werden kann. Hierbei kommen zwei verschiedene Verfahrensweisen zur Anwendung:

a. Berechnung aus monatlichen Niedrigwasserabflüssen

b. Berechnung durch Abtrennung des grundwasserbürtigen Basisabflusses

Die für die Untersuchungen erforderlichen Abflusswerte aus Zeitspannen von möglichst vielen Jahren können, ebenso wie die Flächengrößen der Einzugsgebiete, den gewässerkundlichen Jahrbüchern entnommen werden. Gebiete mit Talsperren und größeren Wasserentnahmen oder -zuführungen müssen ausgenommen werden, da diese Eingriffe die Abflüsse im Niedrigwasserbereich besonders beeinflussen.

10.1 Ermittlung aus monatlichen Niedrigwasserabflüssen

Diese Verfahren gehen davon aus, dass der niedrigste Abfluss jedes Monats kaum Direktabfluss, also oberflächennahen Abfluss von Niederschlagswasser enthält, sondern grundwassergespeister Trockenwetterabfluss ist.

Wundt [36], bestimmt daher den mittleren Grundwasserabfluss als den Mittelwert der monatlichen Abflussminima MoNQ. Am Beispiel der Ganglinie mittlerer täglicher Abflüsse im Jahr 1976 am Pegel Ambrock/Volme zeigt Bild 10-1 den Gang der monatlichen Minima.

Die Grundwasserneubildung muss nach der Kontinuitätsbedingung im Mittel gleich dem grundwasserbürtigen Abfluss sein, wenn Verluste durch Entnahmen, Aufstieg und Evapotranspiration vernachlässigt werden können.

Besonders im Winterhalbjahr und in niederschlagsreichen Zeitabschnitten könnten auch in den MoNQ-Werten Direktabflussanteile enthalten sein. Zur Abtrennung dieser Abflussanteile vom Grundwasserabfluss ordnet Kille, 1970 [16], die MoNQ-Werte des Zeitraumes in Form einer Dauerlinie der Größe nach. Eine an den unteren Teil dieser Dauerlinie angepasste Gerade gibt mit ihrem Medianwert den Grundwasserabfluss MoMNQr nach Kille an. Dabei wird unterstellt, dass das systematische Abweichen des oberen Abschnittes der Dauerlinie von der Geraden durch Direktabflussanteile im Niedrigwasserabfluss verursacht wurde.

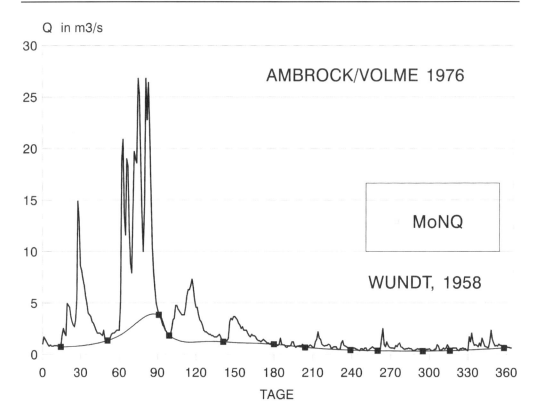

Bild 10-1 Ermittlung des grundwasserbürtigen Abflusses entsprechend MoNQ-Linie

Bei dem vereinfachten Verfahren MoMNQr12 nach Villinger werden die 12 mittleren Monatswerte der Niedrigwasserabflüsse für den Untersuchungszeitraum gebildet, bzw. den Jahrbüchern entnommen. Für diese 12 Werte wird die Auswertung wie bei Kille durchgeführt. Eine Ausgleichsgerade an den unteren Teil dieser Dauerlinie wird als Trennlinie zwischen dem Direktabflussanteil (darüber) und dem grundwasserbürtigen Abfluss (darunter) interpretiert. Der Medianwert (50 % -Wert) der Gerade entspricht folglich dem Mittelwert des Grundwasserabflusses und somit auch der Grundwasserneubildung im Einzugsgebiet. Bild 10-2 zeigt die Anwendung der beiden Verfahren auf die Zeitreihe des Pegels Ambrock.

Bei der Auswertung von Einzeljahren sind die Verfahren und Ergebnisse nach Kille und Villinger identisch. Bei der Gleichsetzung von grundwasserbürtigem Abfluss und Grundwasserneubildung für einzelne Jahre oder andere kürzere Zeitabschnitte muss berücksichtigt werden, dass es zwischen beiden Vorgängen eine Phasenverschiebung gibt.

Die Anlegung der Geraden an die unteren Abschnitte der Dauerlinien wird in den Verfahren von Kille und Villinger nach Augenmaß und manuell durchgeführt. Das Ergebnis ist deshalb durch die Betrachtungsweise des Bearbeiters beeinflusst. Zur Objektivierung der Verfahren wird empfohlen, stattdessen den 50-%-Wert (Median) der Dauerlinie zu verwenden.

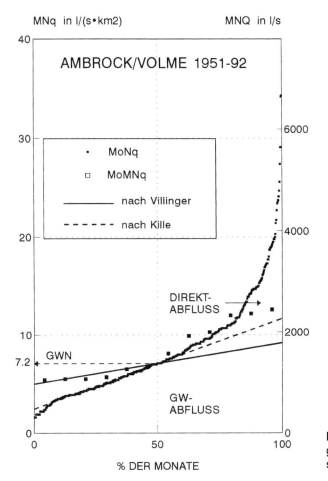

Bild 10-2 Bestimmung des grundwasserbürtigen Abflusses nach Kille und Villinger

10.2 Ermittlung aus dem Basis- oder Trockenwetterabfluss

Durch die Analyse von Trockenwetterganglinien kann auf die Rückgangscharakteristik und die Beziehung zwischen Volumen und Ausfluss des flachen Grundwasserspeichers geschlossen werden (Abs. 8.1, 8.3). Hierdurch wird eine Abtrennung des grundwasserbürtigen Basisabflusses von Zeitreihen des Gesamtabflusses möglich. Die Bestimmung des Basisabflusses erfolgt meist rückwärts gegen die Zeitrichtung durch Anlegen berechneter Rückgangslinien als untere Umhüllende an die Ganglinie des Gesamtabflusses. Bei Annahme eines linearen Grundwasserspeichers ergibt sich die Rückgangslinie gegen die Zeitrichtung durch Umwandlung von Gleichung 8.6 zu:

$$Q_{t-\Delta t} = Q_t / \exp(-\Delta t / k) \qquad (10.2)$$

Für den nichtlinearen Speicher wird aus Gleichung 8.9 abgeleitet:

$$Q_{t-\Delta t} = \left(Q_t^{b-1} + \frac{\Delta t(b-1)}{ab}\right)^{\frac{1}{b-1}} \tag{10.3}$$

Bei jeder Neubildungsphase, die meist zeitgleich mit Direktabfluss ist, beginnt die Rückgangslinie erneut am nächsten Tiefpunkt. Übergangskurven verbinden zu einer kontinuierlichen Separationslinie. Jeder der Werte einer Übergangskurve entspricht dabei dem berechneten Rückgang, ausgehend von dem vorhergehenden Wert des Gesamtabflusses. Die Grundwasserneubildung GWN als Speicherzufluss ergibt sich in jedem Zeitintervall i als Summe der Veränderung des Speicherinhalts und des abgeflossenen Basisabflussvolumens zu:

$$GWN_i = S_i - S_{i-1} + \int_{i-1}^{i} Q\, dt \tag{10.4}$$

Hierin ist $S = a \cdot Q^b$ der nach Gleichung 8.8 berechnete Speicherinhalt und $\int Q dt$ das Volumen des Basisabflusses in dem Zeitintervall. Andere Abgänge aus dem Grundwasser, z. B. durch Verdunstung und Entnahmen [31, 32] müssen hier ggf. berücksichtigt werden.

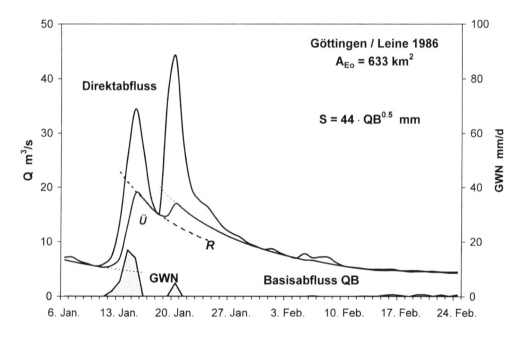

Bild 10-3 Abtrennung des grundwasserbürtigen Basisabflusses vom Gesamtabfluss und Grundwasserneubildung, R Rückgangskurven, Ü Übergangskurven [30].

Die bessere Anpassung der Funktion des nichtlinearen Speichers erzielt eine engere Anlehnung des Basisabflusses an die Gesamtganglinie als bei klassischen Verfahren [16, 22, 36] oder bei der Abtrennung durch lineare Speicheransätze [3, 12] und ergibt damit höhere Werte der Grundwasserneubildung. Dieses entspricht der relativ schnellen Reaktion des Basisabflus-

10.2 Ermittlung aus dem Basis- oder Trockenwetterabfluss

ses nach einem Niederschlagsereignis, die nicht auf einem entsprechend schnellen „lateralen" Durchfluss durch den Grundwasserspeicher beruht, sondern auf dem hydraulischen Prozess der Vergrößerung der Druckhöhe des Speichers, der aus einem System miteinander kommunizierender Kluft- oder Porenräume besteht. Das hinzusickernde „neue" Niederschlagswasser führt damit zu einem verstärkten Abfluss „alten" Wassers aus der gesättigten Zone. Der Grundwasseranteil im Abfluss eines durchschnittlichen Flusses liegt in der Größenordnung von 80 %. Die Ermittlung der Grundwasserneubildung aus dem Basisabfluss wird auch als inverse Methode bezeichnet, da sie aus dem Ausfluss des Grundwasserspeichers auf seinen Zufluss schließt. Sie ist, bei angemessener Wahl des Speicheransatzes, ein physikalisch begründetes Wasserbilanzmodell für diesen Teilprozess. Bild 10-3 zeigt zum Vergleich die Abtrennung des Basisabflusses mit dem nichtlinearen Speicheransatz [30], Programm BNL und dem Ansatz zweier paralleler Linearspeicher DIFGA [3,26].

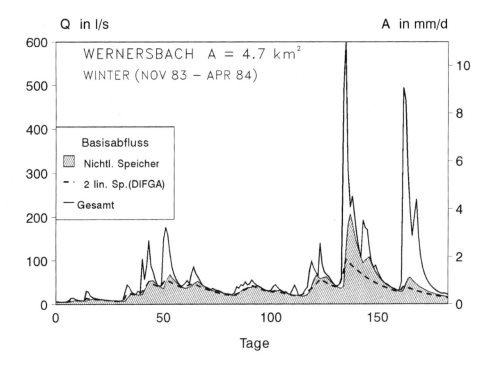

Bild 10-4 Abtrennung des Basisabflusses nach zwei Methoden, Wernersbach bei Dresden

11 Feststofftransport, Erosion und Sedimentation

Wasser in fast jeder Erscheinungsform enthält und transportiert neben gelösten Stoffen, wie Salzen, auch ungelöste Stoffe. Bereits der Niederschlag bringt Stäube aus der durchfallenen Luftschicht (fallout) mit sich. Für die Oberflächengewässer teilt DIN 4049 die Feststoffe nach der Transportart in Schwimmstoffe, Schwebstoffe und Geschiebe ein.

Schwimmstoffe können aus natürlichen Stoffen (z. B. Holz) oder aus Zivilisationsrückständen (z. B. Flaschen) mit einer kleineren Dichte als der des Wassers bestehen.

Schwebstoffe sind Feststoffteilchen, die durch Turbulenz und Strömungsvorgänge des Wassers in Schwebe, d. h. zwischen Sohle und Oberfläche des Gewässers gehalten werden.

Geschiebe besteht aus Partikeln, die aufgrund ihrer Größe nicht mehr in Schwebe gehalten, sondern auf der Gewässersohle transportiert werden.

Schwebstoffe und Geschiebe bestehen im Wesentlichen aus Bodenmaterial (Sand, Kies, Steine). Mit zunehmender Turbulenz und Fließgeschwindigkeit werden Körner zunehmender Größe und Dichte in Schwebe gebracht, bei nachlassender Geschwindigkeit sinken sie wieder herab. Näherungsweise können diese Zusammenhänge über die Froude-Zahl des Kornes beschrieben werden:

$$Fr_* = v / \sqrt{g \cdot d_*} \qquad (11.1)$$

v Fließgeschwindigkeit in m/s, d Korndurchmesser in m, g Erdbeschleunigung in m/s^2

Untersuchungen von Kresser in [6] ergaben, dass ein Korn bei Fr* > 19 schwebt und bei Fr* < 19 absinkt. Hieraus ergibt sich der Grenzkorndurchmesser zu $dgr = v^2/3540$ und die Grenzgeschwindigkeit zu $vgr = 59.5 \sqrt{d}$.

Die Ablösung und der Transport von Bodenpartikeln durch Wasser (und auch durch Wind) wird als Erosion bezeichnet. Dieser Vorgang beginnt schon mit dem Aufschlag eines Regentropfens und der Verspritzung von Bodenteilchen. Am oberen Abschnitt eines Hanges wird entsprechend der Abflussform Flächenerosion vorherrschen. Weiter nach unten kommt zunehmend Rillen- und Rinnenerosion zum Tragen. Bei Gewässerbetten wird zwischen Sohlen- und Ufererosion unterschieden.

Sedimentation ist der Vorgang der Ablagerung transportierter Feststoffe. Größere Sedimentablagerungen z. B. an Hangfüßen werden als Kolluvium bezeichnet. In Gewässern machen sie sich als „Verlandungen" oder „Versandungen" bemerkbar.

Erosion und Sedimentation sind natürliche Vorgänge, ohne die z. B. keine Flüsse und keine fruchtbaren Flussebenen entstanden wären. Sie stehen jedoch oft den Nutzungsinteressen entgegen. Eingriffe des Menschen an Landflächen und Gewässern stören jedoch leicht das Gleichgewicht der Prozesse. Beispiele nachteiliger Veränderungen sind der Verlust fruchtbarer Böden, die Eintiefung von Flussbetten und die Verlandung von Stauanlagen. Entsprechende Planungen müssen daher den Feststofftransport berücksichtigen.

In den meisten Fließgewässern der Welt stellen die Schwebstoffe den Hauptanteil der transportierten Feststoffe (80–90 %), während der Geschiebetrieb nur bei großen Geschwindigkeiten und entsprechendem Material einen wesentlichen Anteil erreicht (Gebirgsbäche). Schwebstoffmessungen sollten kontinuierlich (z. B. täglich) und insbesondere auch bei Hochwasser erfolgen. Hierzu werden repräsentative Wasserproben entnommen und durch Filtrierung und Trocknung der Schwebstoffgehalt bestimmt [5, 6, 7]. Der Schwebstoffgehalt in natürlichen Flüssen ist noch größeren Schwankungen unterworfen als der Abfluss. Ein größerer Teil wird durch Starkregen und Hochwasserabflüsse innerhalb weniger Tage des Jahres transportiert. Beim Ansteigen des Hochwassers ist dabei ein höherer Schwebstoffgehalt festzustellen als beim Ablaufen, weil das verfügbare Feinmaterial zunehmend hinweggewaschen wird. Aus diesen Gründen ist es kaum möglich, direkte Beziehungen zwischen Abfluss Q in m³/s und Schwebstoffgehalt CS in g/m³ oder Schwebstofffracht m_s in t/s für Einzelbeobachtungen oder kürzere Zeitschritte herzustellen, jedoch gelingt dieses meist für mittlere Monatswerte mehrjähriger Aufzeichnungen [8]. Durch eine Regressionsbeziehung der Form $ms = a\, Q^b$ lassen sich die Frachten bestimmen und statistisch analysieren.

Während in Gebieten mit feinen Böden, wenig Vegetation und jahreszeitlichen Starkregen (z. B. Nordafrika) mit mittleren Schwebstoffgehalten von einigen kg/m³ gerechnet werden kann, spielt der Schwebstofftransport in den norddeutschen Flüssen mit Gehalten um 25 g/m³ eine untergeordnete Rolle. Bodenerosion in großen landwirtschaftlichen Beständen (Mais) oder Sedimentation (Ilmenau zwischen den Staustufen in der Stadt Uelzen) können trotzdem zu lokalen Problemstellungen werden.

Für die Bestimmung des Feststofftransports wurden empirische und halbempirische Formeln entwickelt. Für die Bodenerosion wird auf die regressiven Ansätze vom Typ der Universal Soil Loss Equation (USLE) von Wischmeier [7] hingewiesen. Die Verfahren für Fließgewässer sind in DVWK [6] aufgeführt. Die Unterschiede zwischen den Ergebnissen der einzelnen Verfahren und zu gemessenen Daten können jedoch ganz erheblich (mehrere 100 %) sein. Auf die Auswertung von Naturmessungen sollte daher nicht verzichtet werden.

12 Übungen

Die folgenden 17 Übungsblätter behandeln Aufgaben und Fragestellungen der praktischen Hydrologie sowie Methoden und Algorithmen, die in hydrologischen Modellen und Computerprogrammen zur Anwendung kommen. Sie nehmen jeweils Bezug auf Kapitel und Abschnitte des Textteils. Lösungen oder Ergebnisse sind angegeben. Rechnungen können per Hand und Taschenrechner oder mit Hilfe von Programmen wie z. B. EXCEL durchgeführt werden.

1. Einzugsgebiet und Wasserscheide
2. Stations- und Gebietsniederschlag
3. Auswertung einer Abflussmessung
4. Grundauswertungen von Daten
5. Niederschlag und Abflusskomponenten, Dauerlinie
6. Wasserhaushalt eines Einzugsgebietes
7. Lineare Regression, Korrelation
8. Nichtlineare Regression
9. Wahrscheinlichkeitsanalyse hydrologischer Maxima
10. Wahrscheinlichkeit von Niedrigwasserabflüssen
11. Abflussrückgang, Trockenwetterganglinie: Linearer und nichtlinearer Speicher
12. Nichtlinearer Speicher "Seeretention"
13. Faltung von Niederschlag und Einheitsganglinie
14. Bestimmung der Einheitsganglinie durch Ganglinienreduktion
15. Abflusskonzentration in einem kleinen Einzugsgebiet
16. Intensität des Bemessungsniederschlages
17. Bewirtschaftung von Wasser in einer Talsperre

1. Einzugsgebiet und Wasserscheide (s. Kapitel 3)

In der folgenden topografischen Karte eines Einzugsgebietes sind ein Flusssystem und sieben Niederschlagsstationen eingetragen. Zeichnen Sie die Wasserscheide als Begrenzung des oberirdischen, topografischen Einzugsgebiets bis zum Schnittpunkt des Flusses mit der 600-m-Höhenlinie ein. Lösung auf der übernächsten Seite.

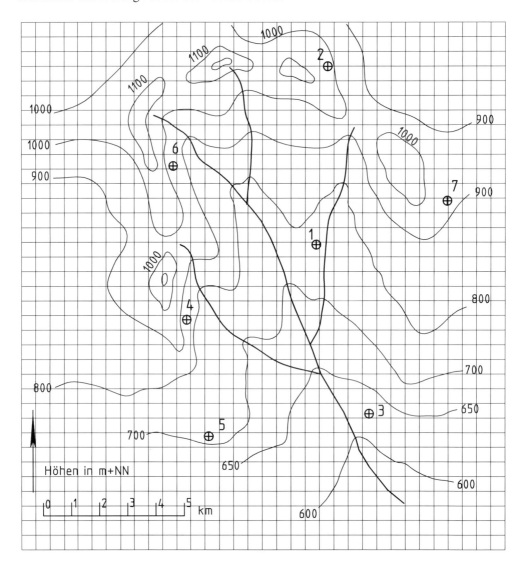

Die Karte wird auch für die Konstruktion der Thiessen-Polygone in Aufg. 2 verwendet. Flächen können durch Zählung der Kästchen (0.25 km2) ermittelt werden.

12 Übungen

2. Stations- und Gebietsniederschlag (s. Abschnitt 4.1–4.3)

a. Konstruieren Sie Polygone nach Thiessen (Kap. 4.2) zur Ermittlung des Gebietsniederschlages (Karte). Vergleiche Ergebnis mit der Darstellung der nächsten Seite.
b. Werten Sie die folgende Aufzeichnung eines klassischen Schwimmer-Heber-Regenschreibers von Station 1 aus.

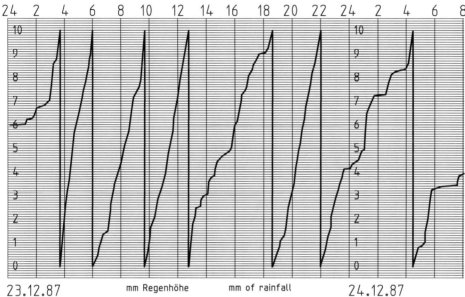

Auswertung:
Markieren Sie den Durchgang der Aufzeichnungslinie durch die senkrechten Zeitunterteilungen. Tragen Sie die in jedem Zeitintervall registrierten Niederschlagshöhen in die folgende Tabelle ein.

6–8	8–10	10–12	12–14	14–16	16–18	18–20	20–22	22–24	0–2	2–4	4–6	6–8	Intervall h
													h_N in mm

Ermitteln Sie den Tagesniederschlag 7:30–7:30 und den maximalen 24-Stunden-Wert:

Ergebnisse: h_{NTag} = 51 mm; h_{N24} = 60.6 mm (etwa von 2–2 Uhr)

Der Wert h_{NTag} = 51 mm für Station 1 wird auf der folgenden Seite für die Ermittlung des Gebietsniederschlags verwendet (s. Abschnitt 4.2).

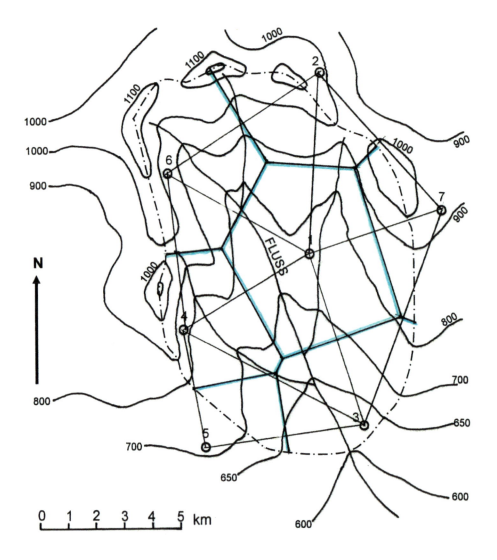

In der Tabelle sind die Tagesniederschläge der Stationen 1-7 eingetragen. Die Flächen können durch Planimetrieren oder Zählung der Kästchen ermittelt werden.

Station	h_{Ni} mm	A_i (Thiessen) km²
1	51	26
2	99	10
3	30	16
4	53	16
5	40	4
6	71	18
7	90	7

Der Gebietsniederschlag nach Gleichung 4.2 (Gewichteter Mittelwert) ist $h_{Ngeb} = 59$ mm

3. Auswertung einer Durchflussmessung (Abschnitt 4.4.3)

In dem gegebenen Querschnitt wurde eine Durchflussmessung (Vielpunktmessung) in 5 Messlotrechten mit einem Messflügel durchgeführt. Die Eichgleichung des Messflügels lautet:

$v = 0.116\, n + 0.08$ m/s mit n in 1/s (Umdrehungen/s).

Das Messprotokoll für die Lotrechten I, II und III ist unten gegeben. Für diese Übung soll das Geschwindigkeitsprofil IV vereinfachend wie II angenommen werden, das Profil V wie I.

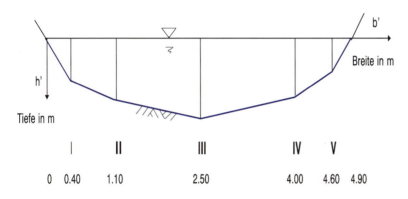

Messstellenquerschnitt mit Messlotrechten

Messprotokoll für die Lotrechten

I , b' = 0.40 m			II , b'= 1.10 m			III , b' = 2.50 m		
h' m	n 1/min	v m/s	h' m	n 1/min	v m/s	h' m	n 1/min	v m/s
0.08	120		0.08	180		0.08	205	
0.30	123		0.30	170		0.30	210	
0.50	96		0.50	169		0.50	205	
0.57	S		0.75	138		0.75	195	
			0.83	S		1.00	180	
						1.09	S	

S = Sohle

Auswertung Aufgabe 3, s. Messprotokoll auf der Vorseite

I , b' = 0.40 m			II , b'= 1.10 m			III , b' = 2.50 m		
h' m	n 1/min	v m/s	h' m	n 1/min	v m/s	h' m	n 1/min	v m/s
0.08	120	0.31	0.08	180	0.43	0.08	205	0.48
0.30	123	0.32	0.30	170	0.41	0.30	210	0.49
0.50	96	0.27	0.50	169	0.41	0.50	205	0.48
0.57	S	0	0.75	138	0.35	0.75	195	0.46
			0.83	S	0	1.00	180	0.43
						1.09	S	0

S = Sohle

Der Durchfluss ergibt sich theoretisch durch Integration der Geschwindigkeit in allen Punkten der Querschnittsfläche, also über Höhe und Breite: $Q = \iint v \, dh \, db$.

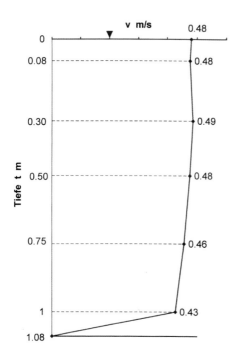

Das innere Integral entspricht in jeder Messlotrechten der der Fläche des Geschwindigkeitsprofils, wie für Lotrechte III links dargestellt: $f_{vIII} = \int v \, dh$ m²/s. Aus den Trapezen, Rechtecken und Dreiecken der Fläche ergibt sich:

f_{vI} = 0.08·0.31/2+ 0.22· (0.31+0.32)/2 + 0.20· (0.32+0.27)/2 + 0.07 · 0.27/2 = 0.150 m²/s und

f_{vII} = 0.08·0.43/2+ 0.22· (0.43+0.41)/2 + 0.20· (0.41+0.41)/2 + 0.25 ·(0.41+0.35)/2 + 0.08 · 0.35/2 = 0.303 m²/s

f_{vIII} = 0.08·0.48 + 0.22 · (0.48+0.49)/2 + 0.20 · (0.49+0.48)/2 + 0.25· (0.48+0.46)/2 + 0.25 · (0.46+0.43)/2 + 0.08· 0.43/2 = 0.488 m²/s

und entsprechend der Aufgabenstellung:

$f_{vIV} = f_{II} = 0.303$ m²/s, $f_{vV} = f_I = 0.15$ m²/s

Der Durchfluss ergibt sich als das äußere Integral der Geschwindigkeitsflächen über die Breite zu

$Q = \int f_{vi} \, db$ = 0.40· 0.15/2 + 0.70 · (0.15+0.303)/2 + 1.40 · (0.303+0.488)/2 + 1.50 · (0.488+0.303)/2 + 0.60 · (0.303+0.15)/2 + 0.30 · 0.15/2 = <u>1.49 m³/s</u>.

Die Querschnittsfläche des Gewässers wird aus dem Bild der Vorseite ermittelt: A = 3.89 m². Die mittlere Fließgeschwindigkeit ergibt sich damit zu $v_m = Q/A = 1.49/3.89 = $ <u>0.38 m/s</u>

4. Grundauswertungen (Kapitel 6)

Auf dem nächsten Blatt ist die Seite aus dem gewässerkundlichen Jahrbuch, Unteres Elbegebiet, Pegel Suderburg/Hardau, 1970 wiedergegeben. Das wasserwirtschaftliche Jahr zählt in Mitteleuropa vom November des Vorjahres bis zum Oktober des laufenden Jahres. So lässt es sich zweckmäßig in Winter- (Nov.–Apr.) und Sommerhalbjahr (Mai–Okt., Wachstumsperiode) aufteilen. Neben den Tagesmittelwerten der Abflüsse (Durchflüsse) in m^3/s sind die Hauptzahlen (Hauptwerte), niedrigste, mittlere und höchste Abflüsse NQ, MQ und HQ für jeden Monat, Halbjahre und das Jahr 1970 gegeben und die entsprechenden Werte und Mittelwerte für den gesamten Messzeitraum (1962-1970) NQ, NNQ, MQ, MHQ, HQ. Darunter finden sich Abflusshöhen, Abflussspenden und äußerste Abflüsse. Die Seite von 1970 wurde hier ausgewählt, da am 18. März des Jahres da bis heute größte beobachtete Hochwasser aufgezeichnet wurde. Es wurde durch kräftigen Regen auf Schnee und gefrorenen Boden ausgelöst.

Interpretieren Sie die Angaben dieser Seite aus Gewässerkundliches Jahrbuch, Unteres Elbegebiet, 1970. Rechts befinden sich die Dauerlinien täglicher Abflüsse an den Pegeln Suderburg/Hardau und Bienenbüttel/Ilmenau. Die rechten Y-Achsen betreffen die Abflussspenden q in l/skm^2. Die Werte für Suderburg sind annähernd doppelt so hoch wie die für Bienenbüttel. Wie ist diese zu begründen? →(ober- und unterirdisches Einzugsgebiet)

Beispiele:

Niedrigster Niedrigwasserabfluss des Jahres 1970:	am 21.06.1970	NQ = 0.62 m^3/s
Mittlerer Jahresabfluss 1970:		MQ = 0.84 m^3/s
Höchster Abfluss 1970:	am 18.03.1970, 11-13 Uhr:	HQ = 10.6 m^3/s
Höchster mittlerer Tagesabfluss 1970:	am 18.03.1970,	Q = 7.07 m^3/s

Mittlere Abflusshöhe 1970: $Mh_Q(A)$ = 420 mm

Die Abflusshöhe ergibt sich als Quotient aus Abflussvolumen und Einzugsgebietsfläche $hQ = VQ/A_{Eo}$ (s. Abschnitt 3). Im Falle der Hardau wird die Abflusshöhe überschätzt, da das unterirdische Einzugsgebiet A_{Eu}, das den meisten Abfluss erbringt, wesentlich größer ist als das oberirdische (s. Bild 3-1).

Mittlere Abflussspende 1970: Mq = 13.4 l/skm^2
Mittlere Abflussspende des Messzeitraumes 1962–1970: Mq = 11.9 l/skm^2

Elbegebiet

Abflüsse und Abflußspenden — Abflußjahr 1970

Hardau — Pegel: Suderburg
7,0 km oberhalb der Mündung
PN = NN – 46,62 m aS, F_N = 62,8 km²
Nach mittleren Tageswasserständen (s. S. 40)

Zu 4. Gewässerkundliches Jahrbuch – Unteres Elbegebiet, Pegel Suderburg, 1970

Abflüsse, Abflussspenden, Abflusshöhen, Hauptzahlen, Dauerlinien

Tageswerte (m³/s)

Tag	Nov	Dez	Jan	Febr	März	April	Mai	Juni	Juli	Aug	Sept	Okt
1.	0,88	0,79	0,69	0,74	0,77	0,92	0,92	0,81	0,86	0,76	0,77	0,85
2.	0,81	0,79	0,74	0,74	0,80	0,82	0,87	0,78	0,82	0,73	0,77	1,01
3.	0,85	0,94	0,75	0,80	0,79	0,80	0,85	0,75	0,85	0,71	0,77	0,97
4.	0,85	0,84	0,75	2,48	0,76	0,80	0,82	0,74	0,80	0,71	0,77	0,90
5.	0,92	0,78	0,75	1,30	0,75	0,81	0,83	0,74	0,76	0,69	0,77	0,90
6.	0,88	0,78	0,75	0,93	0,71½	0,89	0,80	0,72	0,70	0,66	0,80	0,85
7.	0,85	0,78	0,75	0,87	0,71	0,93	0,81	0,72	0,67	0,65	0,77	0,85
8.	0,85	0,74	0,75	1,08	0,71	0,83	0,82	0,71	0,66	0,76	0,78	0,85
9.	0,85	0,74	0,73	1,15	0,70	0,81	0,82	0,71	0,64	1,13	0,78	0,81
10.	1,05	0,74	0,73	0,92	0,70	0,93	0,83	0,71	0,64	0,77	0,81	0,81
11.	0,93	0,74	0,73	0,88	0,70	0,87	0,83	0,71	0,63	0,78	0,81	0,81
12.	0,87	0,73	0,73	0,86	0,70	0,84	0,84	0,66	0,63	0,74	0,78	0,81
13.	0,91	0,73	0,73	0,83	0,69	0,75	0,91	0,66	0,63	0,72	0,81	0,81
14.	0,90	0,73	0,74	0,79	0,69	0,72	0,94	0,70	0,70	0,69	0,85	0,81
15.	0,87	0,73	0,74	0,76	0,69	0,72	0,90	0,70	0,81	0,73	0,85	0,78
16.	0,83	0,72	0,74	0,76	0,71	0,79	0,86	0,73	0,73	1,23	0,78	
17.	0,79	0,72	0,74	0,76	2,17	0,79	0,82	0,69	0,66	0,77	0,94	0,81
18.	0,82	0,72	0,74	0,76	7,07	0,79	0,79	0,66	0,66	0,74	0,88	0,81
19.	0,86	0,69	0,75	0,73	1,30	0,76	0,82	0,66	0,66	0,75	0,85	0,81
20.	0,81	0,70	0,72	0,79	0,97	0,79	0,81	0,65	0,82	0,75	0,85	0,78
21.	0,78	0,70	0,72	1,46	0,90	0,83	0,81	0,62	0,93	1,14	0,81	0,81
22.	0,78	0,70	0,72	0,92	0,83	1,05	0,88	0,71	0,68	1,53	0,81	0,80
23.	0,77	0,68	0,72	1,73	0,80	0,92	0,84	0,99	0,68	0,88	0,81	0,80
24.	0,77	0,68	0,72	0,95	0,79	0,89	0,80	0,79	0,65	0,79	0,78	0,80
25.	0,77	0,71	0,74	0,94	0,76	0,89	0,80	0,73	0,71	0,79	0,81	0,83
26.	0,76	0,71	0,80	0,94	0,76	0,92	0,87	0,69	1,00	0,80	0,88	0,86
27.	0,76	0,71	0,96	0,84	0,73	0,84	0,83	0,67	0,77	0,85	0,88	
28.	0,92	0,71	0,87	0,81	0,79	0,80	0,80	1,15	0,76	0,77	0,81	0,88
29.	0,88	0,68	0,80		0,79	0,84	0,79	1,38	1,33	0,77	0,81	0,85
30.	0,82	0,71	0,77		0,88	1,79	0,93	0,80	0,77	0,85	0,82	
31.		0,71	0,74		1,07		0,82		0,75	0,77		1,14
Σ	25,39	22,83	23,30	27,52	32,20	25,51	25,92	22,83	23,43	24,75	24,86	26,32

Wi: n 181, Σ 156,75 So: n 184, Σ 148, 11; Jahr: n 365, Σ 304,86

Hauptzahlen

	Nov	Dez	Jan	Febr	März	Apr	Mai	Juni	Juli	Aug	Sept	Okt	Wi	So	Jahr

Abflüsse (m³/s)   1970

am: 26. | öfter | 1. | 19. | öfter 14. | öfter | 21. | öfter | 7. | öfter | öfter
     37. | | | | 15. |

NQ	0,76	0,68	0,69	0,73	0,69	0,72	0,79	0,62	0,63	0,65	0,77	0,78	0,68	0,62	0,62
MQ	0,85	0,74	0,76	0,98	1,04	0,85	0,84	0,76	0,76	0,80	0,83	0,85	0,87	0,80	0,84
HQ	1,29	1,08	1,20	4,90	10,6	2,17	1,03	4,69	2,80	2,56	2,38	1,53	10,6	4,69	10,6

am: 29. | 3. | 27. | 23. | 18. | 30. | 1. | 28. | 29. | 9. | 16. | 31.
     13.30 | | 4.00 | 11 05 | 13 30 | | 13 00 | 9 00 | 1.00 | 6.30 | 12.00
     | | | 13.00 |

1962/1970

NQ	0,55	0,61	0,52	0,54	0,53	0,49	0,46	0,57	0,36	0,35	0,23	0,33	0,49	0,23	0,23
MNQ	0,65	0,66	0,66	0,71	0,68	0,67	0,66	0,62	0,59	0,58	0,53	0,64	0,59	0,49	0,48
MQ	0,80	0,76	0,80	0,82	0,81	0,76	0,73	0,72	0,74	0,78	0,66	0,72	0,78	0,72	0,75
MHQ	1,25	1,44	1,71	1,75	2,37	1,29	1,45	1,87	1,99	2,38	1,31	1,17	2,33	3,04	3,92
HQ	2,44	2,37	4,36	4,40	10,6	2,89	4,69	6,53	4,77	2,67	1,98	10,6	4,69	10,6

Gebietsniederschlagshöhen (N)*), Abflußhöhen (A) (mm) 1970

| N | 34,9 | 31,4 | 32,1 | 37,0 | 44,3 | 35,1 | 35,7 | 31,4 | 32,2 | 34,1 | 34,2 | 36,2 | 216 | 204 | 420 |
| A | | | | | | | | | | | | | | | |

1962/1970 *

| N | 30,5 | 33,3 | 32,4 | 31,8 | 34,5 | 31,4 | 31,1 | 29,7 | 31,6 | 33,3 | 27,2 | 30,7 | 194 | 183 | 377 |

Spenden (l/s km²)   1970   1962/1970

	Wi	So	Jahr	Wi	So	Jahr
Nq	10,8	9,87	9,87	9,39	7,80	7,64	MNq
Mq	13,9	12,7	13,4	12,4	11,5	11,9	Mq
Hq	169	74,7	169	51,4	48,4	52,4	MHq

Äußerste Abflüsse (m³/s) und Abflußspenden (l/s km²)

	NQ	Nq		HQ	Hq	
1970	0,62	9,87	21. Juni	10,6 = 189 cm aP	169	18. März
1962/1970	0,23	3,66	25. Sept 1964	10,6 = 189 cm aP	169	18. März 70
	NNQ	NNq		HHQ	HHq	
seit 1962	0,23	3,66	25. Sept 1964	10,6 = 189 cm aP	169	18. März 70

Eisverhältnisse 1970: Eisfrei
*) Gebietsniederschlagshöhen werden nicht ermittelt

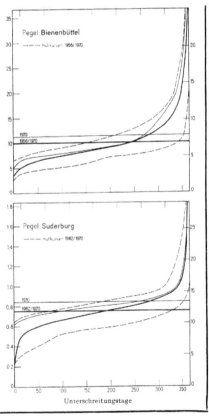

Pegel: Bienenbüttel — Hüllkurven 1956/1970
1970
1956/1970

Pegel: Suderburg — Hüllkurven 1962/1970
1970
1962/1970

Unterschreitungstage

12 Übungen

5. Niederschlag und Abflusskomponenten (Abschnitte 6.1–6.2, 8.3 und 10.2)

Das Bild zeigt eine Jahresganglinie täglicher Durchflüsse am Pegel Weissbach/Saale (Thüringen). Der mittlere Abfluss MQ dieses Jahres war 0.874 m³/s, der Gebietsniederschlag h_N = 1150 mm. Das Einzugsgebiet hat eine Fläche von A_E = 47 km².

Aufgaben:

a. Skizze der entsprechenden Dauerlinie der Abflussunterschreitung im gleichen Maßstab auf der rechten Seite. Interpretation der Dauerlinie mit einem Zahlenbeispiel.

b. Wie viel Prozent des Niederschlages sind abgeflossen?

c. Stellen Sie in der Grafik den ungefähren Grundwasserabfluss dar und schätzen Sie seinen Mittelwert, die entsprechende Abflussspende, die Abflusshöhe, das Volumen und das Abflussverhältnis des Grundwasserabflusses.

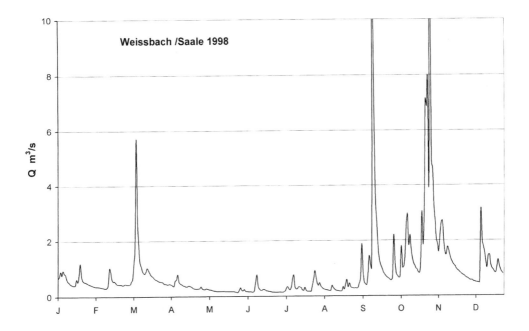

Auflösung Aufgabe 5

a. Eine Dauerlinie kann konstruiert werden, indem für eine Anzahl Werte Q im Diagramm jeweils festgestellt wird, an wie viel Tagen die Ganglinie geringere Abflüsse zeigt. Diese Zeitspanne ist dann für jeden Q-Wert die Abszisse auf der Zeitachse. Ein einfaches Verfahren ist die Ordnung der Werte Q der Größe nach mithilfe eines Rechners (z. B. EXCEL). Der Anfangswert der Dauerlinie ist der kleinste Wert der Ganglinie, der Endwert der größte des betrachteten Zeitraums. Zahlenbeispiel Dauerlinie: An 288 Tagen des Jahres ist Q ≤ m³/s.

b. Das Abflussvolumen des Jahres ist $V_Q = MQ \cdot t = 0.874 \cdot 3600 \cdot 24 \cdot 365 = 27.56$ hm³.

Die Abflusshöhe ist: $h_Q = V_Q/A_E = 27.56 \cdot 10^6 / 47 \cdot 10^6 = 0.586$ m = 586 mm

Das Abflussverhältnis ist: $a = h_Q/h_N = 586/1150 = 0.51 = 51\ \%$

Nach dem Abklingen der Direktabflüsse aus Niederschlägen besteht der Durchfluss wesentlich aus Basisabfluss kommt, der aus dem Grundwasserspeicher in das Gewässerbett strömt. Der Basisabfluss schmiegt sich daher an die Abflussrückgänge an, wie in den Abschnitten 8.3 und 10.2 beschrieben. Die blaue Ganglinie im folgenden Bild zeigt den Basisabfluss, der mit dem nichtlinearen Speichermodell BNL (Abschnitt 10.2) bestimmt wurde. Der mittlere Basisabfluss ist $MQB = 0.584$ m³/s oder $h_{QB} = 392$ mm entsprechend 67 % des Gesamtabflusses. Sinngemäß und als Näherung kann eine solche Ganglinie auch per Hand skizziert werden.

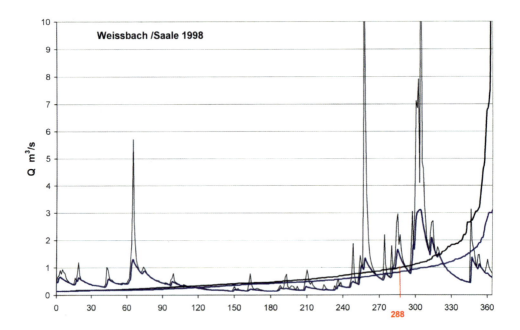

Zu Aufgabe 5c: Ganglinien und Dauerlinien von Gesamt- und Basisabfluss

6. Wasserhaushalt eines Einzugsgebietes (Kap. 3)

Für das Einzugsgebiet der Lahn am Pegel Ofleiden, A_E = 317 km², sind folgende mittlere Monatswerte in mm (in der Tabelle fett gedruckt) gegeben:
- Gebietsniederschlagshöhe h_N
- Abflusshöhe h_Q
- Verdunstung aus einem Verdunstungskessel (Class-A pan) h_E

Die Gebietsverdunstung h_{ET} soll proportional zu den Werten h_E angenommen werden.

Mon	N	D	J	F	M	A	M	J	J	A	S	O	Jahr
h_N	71	83	59	52	53	62	65	83	84	90	63	68	833
h_Q	29	54	45	40	38	32	20	15	17	15	16	22	343
h_E	31	18	15	12	30	60	95	115	113	100	68	43	700
h_{ET}	22	13	11	8	21	42	66	80	79	70	48	30	490
Δh_R	20	16	3	4	-6	-12	-21	-12	-12	5	-1	16	0
h_R	40	56	59	63	57	45	24	12	0	5	4	20	

Bestimmen Sie: (Lösungswerte in der Tabelle sind dünn gedruckt, Lösungen folgend in Arial)

a. Mittlerer jährlicher Abfluss MQ in m³/s

   Jahresabflusshöhe h_Q = 343 mm; MQ = 0.343 · 317· 10⁶ /365 /24 /3600 = 3.45 m³/s

b. Tatsächliche Gebietsverdunstung $h_{ET\,im}$ mittleren Jahr in mm

   Wasserhaushaltsgleichung: h_{ET} = h_N – h_Q = 833 – 343 = 490 mm

   Warum ist h_{ET} kleiner als die gemessene Kesselverdunstung h_E?

Einzugsgebiete haben Trockenphasen; der Verdunstungsanspruch der Luft kann nicht ganz erfüllt werden. Verdunstungskessel haben eine Wasseroberfläche.

c. Monatswerte der Gebietsverdunstung h_{ET}

   Ann. (s.o.): h_{ET} = 490/700 · h_E = 0.7·h_E (Monatswerte in Tabelle auf ganze mm gerundet)

d. Monatswerte der Wasservorratsänderung (Rücklage) im Einzugsgebiet Δh_R und Wasservorratshöhen h_R über dem niedrigsten Stand.

   Niedrigster Stand „h_R = 0" wird Ende Juli erreicht, da bis dann eine Abnahme der Rücklage erfolgt. Für die Folgemonate August-Oktober und dann November-Juli werden die Werte Δh_R hinzuaddiert (Bilanz). Der Juliwert muss wieder 0 ergeben.

e. Max. Schwankungsbreite im gegebenen mittleren Jahr in mm und in hm³

   Maximale Schwankung ist 63 mm (Februar–Juli). Das entspricht einem Volumen von
   V = A_E · h_R = 317· 10⁶ · 0.063 = 19971000 ≈ 20 hm³.

7. Lineare Regression, Korrelation (Abschnitt 6.41)

Beispiel: Mathematische Beziehung zwischen den Tageswerten des Abflusses an den Pegeln Hagen-Hohenlimburg (X) und Hattingen (Y), Ruhr während des Hochwasserereignisses vom 07.–23.07.1980 und Berechnung der fehlenden *Qy-Werte

Mittlere Tagesabflüsse in m³/s:

Juli	Qx	Qy	Qy*
7	36.2	79.7	84.5
8	36.1	76.7	84.3
9	48.0	93.4	111.
10	73.0	147.	168.
11	112.	242.	257.
12	110.	240.	253.
13	98.3	227.	226.
14	88.0	232.	203.
15	77.7	196.	179.
16	64.7	165.	150.
17	57.4	148.	133.
18	56.7		131.
19	95.6		220.
20	190.		435.
21	249.		570.
22	171.		392.
23	117.		148.

Lösung:
Anzahl gemeinsamer Tageswerte $n = 11$
Lösungsparameter:
$\Sigma X = 801$
$\Sigma Y = 1847$
$\Sigma X^2 = 65816$
$\Sigma Y^2 = 351630$
$\Sigma XY = 151502$

Lineare Regression, Gleichungen 6.3

$$b = \frac{\sum xy - \sum x \sum y / n}{\sum x^2 - \sum x \sum x / n} = 2.28$$

$$a = \frac{\sum y - b \cdot \sum x}{n} = 1.65 \approx 2 \text{ m}^3/\text{s}$$

Regressionsgleichung:
$Qy = 2 + 2.28 \cdot Qx$ m³/s

Die Werte Qy* wurden mit der erhaltenen Regressionsgleichung aus den Qx-Werten berechnet. Um die Güte der Anpassung der Gleichungsergebnisse (Modellfunktion) an die gemessenen Werte zu prüfen, werden für die elf Wertepaare Qy und Qy* die folgenden Parameter berechnet:

Standardabweichung, Gleichung 6.4 S = 16.2 m³/s. Um diesen Betrag weichen die Modellwerte Qy* im Mittel von den gegebenen Werte Qy ab.

Variationskoeffizient, Gleichung 6.5   VK = 9.6 %, mittlere Abweichung

Korrelationskoeffizient, Gleichung 6.6 R = 0.96. Der mindest erforderliche Wert ist Rmin ≈ 0.6 (Tabelle 6.1 für n=11). Die Irrtumswahrscheinlichkeit ist also << 5 %.

Das Bestimmtheitsmaß ist $R^2 = 0.92$.

Die hier durchgeführten Rechnungen lassen sich leicht mit Programmen wie EXCEL durchführen. Das Bild auf der kommenden Seite zeigt die Ganglinien der gegebenen und modellierten Daten.

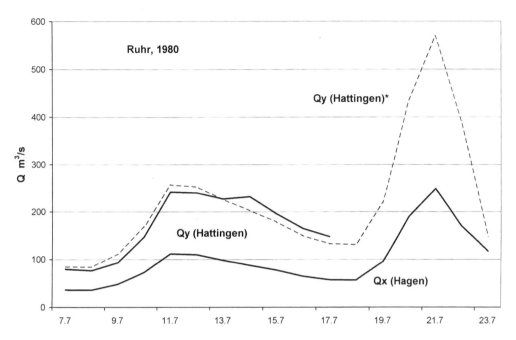

Zu Aufgabe 7: Vervollständigung fehlender Daten durch lineare Regression

8. Nichtlineare Regression (Abschnitt 6.4.2)

a. Zeichnen Sie ein Diagramm für die auf der nächsten Seite mit fett gedruckten Zahlen gegebene Beziehung zwischen Wasserspiegelhöhe H und Speichervolumen S einer Talsperre

b. Finden Sie durch geeignete Regression eine entsprechende mathematische Beziehung der Form $S = f(H)$

c. Berechnen und zeichnen Sie zum Vergleich die sich ergebenden Werte S_{ger}.

d. Bestimmen Sie Korrelationskoeffizient und Variationskoeffizient zwischen den gegebenen und den gerechneten Werten S

Die dünn gedruckten Zahlen in der Tabelle gehören bereits zum Lösungsvorgang. Die gesuchte Gleichung hat die Form $S_{ger} = a \cdot (H - 365)^b$. Also müssen die Werte H zunächst um ihren Minimalwert $H_0 = 365$ m, also auf $h = H - 365$ m reduziert werden. Die Werte $\ln h$ und $\ln S$ werden logarithmiert und die lineare Regression der Logarithmen durchgeführt. Es ergibt sich die Gleichung $\ln S = -3.69 + 1.94 \cdot \ln h$, d. h., $a = \exp(-3.69) = 0.025$ und $b = 1.94$. Die Bestimmungsgleichung lautet damit $S_{ger} = 0.025 \cdot (H - 365)^{1.94}$.

Die Standardabweichung zwischen gegebenen und gerechneten Werten S ist 0.49 hm3 entsprechend einem Variationskoeffizienten von 5.7 %. Der Korrelationskoeffizient ist $R = 0.999$

Tabelle und Berechnung für Aufgabe 8 (fett gedruckte Zahlen sind Ausgangsdaten; dünn gedruckte gehören zum Lösungsweg.

H m üNN	$h = H - 365$ m	ln$h$	S hm^3	ln$S$
365	0	–	0	–
370	5	1.16	0.6	-0.51
375	10	2.30	2.1	0.74
380	15	2.71	4.5	1.50
385	20	3.00	8.2	2.10
390	25	3.22	12.6	2.53
395	30	3.40	18.2	2.90
400	35	3.56	24.7	3.21
405	40	3.69	32.2	3.47
410	45	3.81	40.8	3.71
415	50	3.91	50.3	3.92

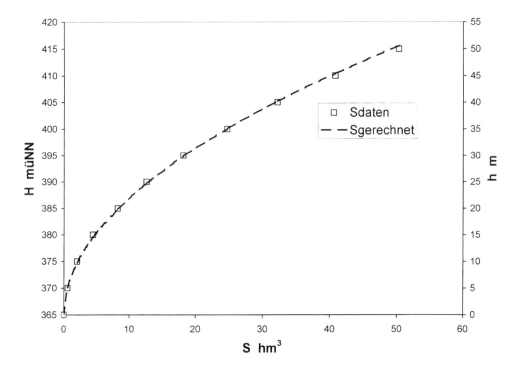

Bild zu Aufgabe 8: Nichtlineare (logarithmische) Regression Höhen-Volumen-Beziehung einer Talsperre

12 Übungen

9. Wahrscheinlichkeitsanalyse maximaler Tagesniederschläge (s. Abschn. 7.1–7.3)

Gegeben sind (fett gedruckt) jährliche maximale Tagesniederschlagshöhen der Station Romblón, Philippinen. Bestimmen Sie die Maximalwerte für verschiedene Wiederkehrintervalle T nach den Wahrscheinlichkeitsverteilungen Pearson-3 und Gumbel. In der Datentabelle sind ferner der Rang jedes Messwertes und das entsprechende empirische Wiederkehrintervall T_{emp} einzutragen.

Jahr	h_N mm	Rang m	T_{emp} a
1952	280	10	11
1956	88	3	1.38
1960	163	8	3.67
1961	61	1	1.1
1964	112	6	2.2
1965	101	4	1.57
1967	101	5	1.83
1968	83	2	1.22
1970	122	7	2.75
1972	185	9	5.5

Rang: Sortierung der Größe nach.

Empirisches Wiederkehrintervall nach Gl. 7.9

Anzahl der Daten n = 10

Für die Übung wurde eine kurze Stichprobe gewählt. Für zuverlässige Ergebnisse sollte der Umfang wesentlich größer sein

Zu berechnende Werte: n = 10

ΣhN = 1296;   Mittelwert   (Gl. 7.2) h_NM = 129.6 mm

ΣhN^2 = 205378;   Standardabweichung   (Gl. 7.3) S_{hN} = 64.5 mm

ΣhN^3 = 39375990;   Schiefekoeffizient   (Gl. 7.4) CS_{hN} = 1.59

Frequenzformel (Gl. 7.5): $h_{NT} = h_NM + k_T \cdot S_{hN}$

kT-Werte für Pearson-3 aus Tabelle 7.1 interpoliert, für Gumbel nach Gl. 7.6

Beispiele:

Pearson-3, T = 5 a: h_{N5} = 129.6 + 0.677 · 64.5 = 173 mm

Gumbel, T = 10 a: h_{N5} = 129.6 + 1.305 · 64.5 = 214 mm

Die folgende Tabelle zeigt k_T-Werte und Ergebnisse für eine Folge von Wiederkehrintervallen T, aus denen Wahrscheinlichkeitskurven gezeichnet werden können. Diese Kurven (nächstes Bild) sind stetig und haben keine plötzlichen Steigungsänderungen oder Wendepunkte. Ebenfalls sind die Messwerte (Daten) über ihren empirischen Wiederkehrintervallen aufgetragen. Die Lage der Punkte bestätigt grundsätzlich die Form und Größenordnung der Rechenergebnisse. Der größte Wert der Stichprobe weicht jedoch auffällig vom Kurvenverlauf ab. Ein solcher Wert wird auch als „Ausreißer" bezeichnet. Als größtem von zehn Werten wird ihm das empirische Wiederkehrintervall 11 Jahre zugewiesen. Wahrscheinlich handelt es sich um ein außergewöhnliches Ereignis mit T = 30–40 Jahren (vergleiche Kurven).

Die Ergebnisse sind auf ganze mm gerundet, da die Eingangsdaten ebenfalls in ganzen mm angegeben waren und außerdem die Forderung nach drei Zählstellen bei Ergebnissen erfüllt ist.

Ergebnisse:

	Pearson		Gumbel			Pearson		Gumbel	
T in a	kT	hNmax	kT	hNmax	T in a	kT	hNmax	kT	hNmax
2	-0.253	113	-0.164	119	50	2.776	309	2.594	297
5	0.677	173	0.720	176	100	3.382	348	3.138	332
10	1.329	215	1.305	214	200	3.982	386	3.681	367
25	2.161	269	2.045	261	1000	5.357	475	4.938	448

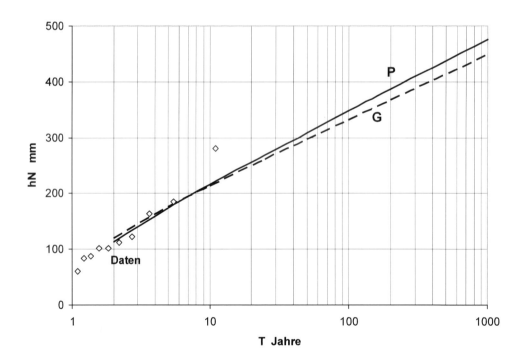

Zu Aufgabe 9: Wahrscheinlichkeitsanalyse maximaler Tagesniederschläge.
           Auftragung der Ergebnisse nach Pearson-3 (P), Gumbel (G), sowie der Daten

10. Wahrscheinlichkeitsanalyse von Niedrigwasserabflüssen (s. Abschn. 7.4)

Gegeben sind (fett gedruckt) jährliche minimale Dreitagesabflüsse an einem Pegel. Die Niedrigwasserwahrscheinlichkeit ist durch Zuweisung des empirischen Wiederkehrintervalls zu jedem NQ-Wert zu bestimmen.

Jahr	NQ_{3d} in m³/s	Rang m	T_{emp} in a
1985	1.83	7	2.4
1986	2.68	3	1.33
1987	1.71	8	3
1988	3.79	1	1.09
1989	2.32	4	1.5
1990	2.14	5	1.71
1991	3.21	2	1.2
1992	1.98	6	2
1993	1.39	11	12
1994	1.49	10	6
1995	1.60	9	4

Rangfolge vom größten (1) zum kleinsten (n) Wert.

Empirisches Wiederkehrintervall nach Gl. 7.9

Anzahl der Daten n = 11

Bem.: Für zuverlässige Ergebnisse sollte der Umfang der Strichprobe möglichst größer sein

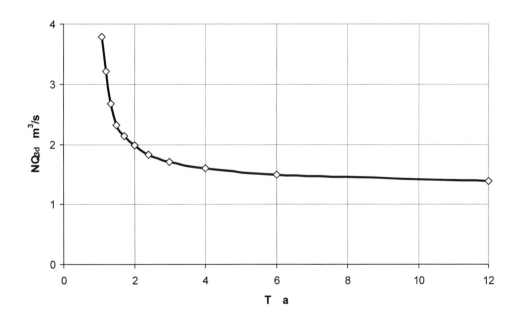

Niedrigwasserwahrscheinlichkeit nach empirischem Wiederkehrintervall

11. Abflussrückgang, Trockenwetterganglinie:
Linearer und nichtlinearer Speicher (Abschnitte 8.1 und 8.3)

An die Rückgangskurve (Trockenwetterganglinie, Tageswerte des Abflusses Q in m³/s) des Abflusses am Pegel Rollshausen/Schwalm, A_E = 250 km², Einzugsgebiet der Weser, sollen die Auslauffunktionen des linearen Speichers und des nichtlinearen Speichers angepasst werden.
a. Bestimmen Sie die Speicherkonstante k des linearen Speichers durch halblogarithmische Regression rechnerisch und grafisch.
b. Berechnen Sie den Parameter a des nichtlinearen Speichers bei Annahme von $b = 0.5$.
c. Zeichnen und beurteilen Sie die Ergebnisse.
d. Berechnen Sie nach beiden Ansätzen den Abfluss Q und das gespeicherte Grundwasservolumen S 10 Tage nach dem letzten Wert, wenn kein Niederschlag eintritt?

Tag	Qgem m³/s	lnQ	Ergebnisse m³/s	
			Lin. Sp.	Nlin. Sp.
0	4.02	1.391	4.02	4.02
1	3.53	1.261	3.64	3.45
2	3.08	1.125	3.29	3.00
3	2.72	1.001	2.98	2.63
4	2.39	0.871	2.69	2.32
5	2.10	0.742	2.44	2.07
6	1.86	0.621	2.21	1.85
7	1.64	0.495	2.00	1.67
8	1.46	0.378	1.81	1.51
9	1.33	0.285	1.63	1.37
10	1.19	0.174	1.48	1.26
11	1.09	0.086	1.34	1.15
12	0.99	-0.010	1.21	1.06
13	0.92	-0.083	1.10	0.98
14	0.86	-0.151	0.99	0.91
15	0.81	-0.211	0.90	0.84
16	0.77	-0.261	0.81	0.78
17	0.73	-0.315	0.73	0.73
18	0.69	-0.371	0.66	0.69

a. Linearer Speicher:
Gl. 8.6, 8.7
$\ln Q = 1.366 - 0.0996\,t$

$k = 1/0.0996 = 10$ d

b. Nichtlinearer Speicher
Gl. 8.9, 8.10

$b = 0.5$

$$a = \frac{\sum_{0}^{18}(Q_{i-1}+Q_i)\Delta t}{2\Sigma(Q_{i-1}^b - Q_i^b)} = \frac{2\cdot\sum Q_i - Q_0 - Q_{18}}{2\cdot(Q_0 - Q_{18}^b)} =$$

$a = 25.4$ m$^{1.5}$s$^{0.5}$

c. und d. auf der folgenden Seite.

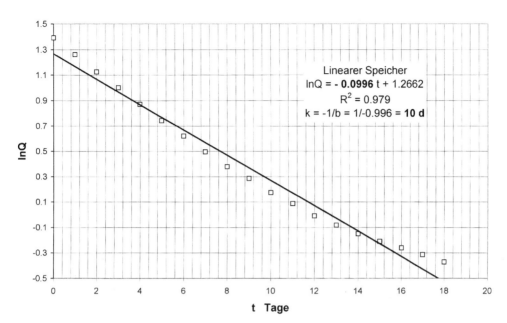

Bestimmung der Retentionskonstante k des lin. Speichers, durch Regression und grafisch

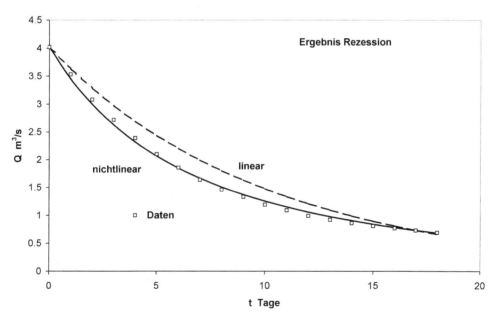

c. Die Rezession des nichtlinearen Speichers zeigt eine bessere Anpassung an die Daten.

d. Lin.: $Q_{10} = 0.69 \cdot \exp(-10/10) = 0.25 \text{ m}^3/\text{s}$; $S = 10 \cdot 24 \cdot 3600 \cdot 0.25 = 216000 \text{ m}^3$.
N.L.: $Q_{10} = 0.66 \cdot (1 + 0.66^{0.5}/25.4 \cdot 10)^{-2} = 0.38 \text{ m}^3/\text{s}$; $S = 25.4 \cdot 24 \cdot 3600 \cdot 0.38^{0.5} = 216000 \text{ m}^3$.

12. Nichtlinearer Speicher – „Seeretention" (Abschnitt 8.2)

Dämpfung einer Hochwasserwelle durch eine Talsperre "reservoir routing"

Gegeben: Beziehung Wasserstand-Speichervolumen-Ausfluss H/S/Qa über der Unterkante der Hochwasserentlastungsanlage (H = 0 m), Werte der Zuflussganglinie QZ (s. u.), $\Delta t = 1$ h.

Berechnen Sie die Werte des Ausflusses Qa, des Speichervolumens S und des Wasserstandes H und zeichnen die Ganglinien des Zuflusses Qz und des Ausflusses Qa.

H m	S hm^3	Qa m^3/s	QG = $S_i/\Delta t + Qa_i/2$ m^3/s	QG = $S_{i-1}/\Delta t + (Qz_i + Qz_{i-1} - Qa_{i-1})/2$
0.0	0	0	0	
0.2	.101	1.7		
0.4	.233	5.0		
0.6	.379	9.2		
0.8	.536	14.2		
1.0	.700	19.9		
1.2	.871	26.2		
1.4	1.048	33.0		
1.6	1.230	40.4		
1.8	1.417	48.2		
2.0	1.608	56.4		
2.2	1.803	65.1		

i	0	1	2	3	4	5	6	7	8	9	10
Qz_i	10.0	28.8	84.4	144	112	88.6	66.6	40.2	27.0	18.4	12.0
Qa_i	10.0										
QG_i											
H_i											
S_i											

Allgemeine Speichergleichung:

$$S_i/\Delta t + Qa_i/2 = S_{i-1}/\Delta t + (Qz_i + Qz_{i-1} - Qa_{i-1})/2 \qquad (8.3)$$

Auflösung Aufgabe 12, Nichtlinearer Speicher – „Seeretention", Arbeitsschritte:

1. Füllung der Spalte QG. Die Werte S sind in hm^3 gegeben und müssen daher mit 10^6 multipliziert werden!

2. Die Werte H_0 und S_0 werden in der Tabelle für Qa = 10 m^3/s interpoliert.

3. Ab Zeitschritt i=1 wird jeweils der Wert der Gleichung QG = $S_{i-1}/\Delta t + (Qz_i + Qz_{i-1} - Qa_{i-1})/2$ berechnet: $QG_1 = 404000/3600 + (28.8 + 10.0 - 10.0)/2 = 126.6$ m^3/s.

12 Übungen

4. Für diesen Wert werden interpoliert (Pfeil): $Qa_1 = 11.0$ m³/s, $S_1 = 0.436$ hm³, $H_1 = 0.67$ m
   Zurück zu 3. usw.

H m	S hm³	Qa m³/s	QG = $S_i/\Delta t + Qa_i/2$ m³/s		QG = $S_{i-1}/\Delta t + (Qz_i + Qz_{i-1} - Qa_{i-1})/2$ m³/s
0	0	0	0		
0.2	0.101	1.7	28.9		
0.4	0.233	5.0	67.2		
0.6	0.379	9.2	110		126.6
0.8	0.536	14.2	156		172.2
1.0	0.700	19.9	204		
1.2	0.871	26.2	255		
1.4	1.048	33.0	308		
1.6	1.230	40.4	362		
1.8	1.417	48.2	418		
2.0	1.608	56.4	475		
2.2	1.803	65.1	533		

Ergebnisse; die Ganglinien Zufluss und Ausfluss sind auf der folgenden Seite abgebildet.

	0	1	2	3	4	5	6	7	8	9	10
Qz_i	10.0	28.8	84.4	144	112	88.6	66.6	40.2	27.0	18.4	12.0
Qa_i	10.0	11.0	16.1	28.2	41.5	49.8	53.7	53.7	50.9	46.9	42.5
QG_i		126.6	172.2	270.3	370.	429.	457.	457.	437	408	377
H_i	0.63	0.67	0.87	1.26	1.63	1.84	1.94	1.94	1.87	1.77	1.65
S_i	0.404	0.436	0.591	0.922	1.257	1.454	1.547	1.547	1.480	1.386	1.280

Zu Aufgabe 12:

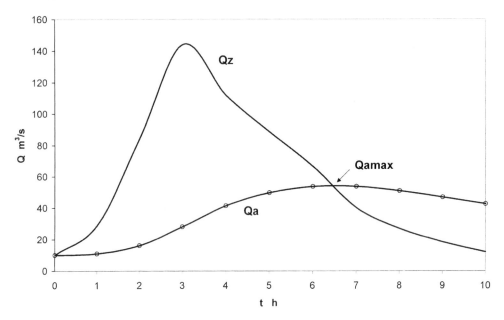

Ganglinien Zulauf Qz und Auslauf Qa. Qamax liegt auf dem fallenden Ast von Qz!

13. Faltung von Niederschlag und Einheitsganglinie (Abschnitte 9.2–9.3)

Gegeben sind für ein Einzugsgebiet in ½-Stunden-Mittelwerten:
- Eine Einheitsgangslinie h (für 1 mm Abflusshöhe) – Unit Hydrograph
- Der Bemessungsniederschlag hN
- Annahme: Direktabflussverhältnis a = 40 %
- Der Basisabfluss wird bis zum Scheitelabfluss zu $Q_B = 1 m^3/s$ geschätzt, danach linear ansteigend um $\Delta Q_B = 1\ m^3/s/h$.

a. Berechnen Sie die Werte der Abflussganglinie in m^3/s.

b. Wie groß ist die Fläche des Einzugsgebietes A_E in km^2.

In der Tabelle auf der folgenden Seite sind die gegebenen Zahlen fett gedruckt. Die dünn gedruckten Zahlen stellen bereits Arbeitsschritte und Ergebnisse dar.

a. Zunächst sind die gegebenen Niederschlagswerte h_N auf die abflusswirksamen Werte h_{Neff} zu reduzieren. Die einfachste Annahme, von der hier ausgegangen wird, ist die der Proportionalität zwischen beiden Werten, also $h_{Neff} = a \cdot h_N$.

Aus den 4 Niederschlagsintervallen h_{NI-IV} ergeben sich die 4 Teilganglinien Q_{I-IV}. Diese werden zum Direktabfluss Q_D aufsummiert (superponiert), sodann der Basisabfluss Q_B nach Vorgabe eingetragen und zum Direktabfluss addiert.

I	1	2	3	4	5	6	7	8	9	10	11	
h	0.6	1.9	2.8	2.0	1.5	1.2	0.7	0.4				m³/s/mm
h_N	5	25	2.5	2.5								mm
h_{Neff}	2	10	1	1								mm
Q_I	1.2	3.8	5.6	4	3	2.4	1.4	0.8				m³/s
Q_{II}		6	19	28	20	15	12	7	4			m³/s
Q_{III}			0.6	1.9	2.8	2.0	1.5	1.2	0.7	0.4		m³/s
Q_{IV}				0.6	1.9	2.8	2.0	1.5	1.2	0.7	0.4	m³/s
Q_D	1.2	9.8	25.2	34.5	27.7	22.2	16.9	10.5	5.9	1.1	0.4	m³/s
Q_{Bas}	1	1	1	1	1.5	2	2.5	3	3.5	4	4.5	m³/s
Q_{Ges}	2.2	10.8	26.2	35.5	29.2	24.2	19.4	13.5	9.4	5.1	4.9	m³/s

b) Die Information über die Größe des Einzugsgebiets ist in der Einheitsganglinie enthalten. Ihr Volumen ist: $V_{EGL=h} \cdot \Delta t = A_E \cdot 0.001 = 11.1 \cdot 1800\ m^3 = 19980\ m^3$

Dieses Volumen entspricht 1 mm Wasserhöhe (EGL) auf der Fläche A_E des Einzugsgebietes.

Daher $A_E = 19.98\ km^2$

14. Bestimmung der Einheitsganglinie durch Reduktion (Abschnitt 9.4.2)

Eine Hochwasserwelle mit den folgenden Werten Q in den Abständen $\Delta t = 0.5$ h ist durch einen kurzen Starkregen verursacht worden. Die Fläche des Einzugsgebietes ist $A_E = 22{,}5$ km². Bestimmen Sie die Einheitsganglinie.

Annahme: Basisabfluss konstant bis unter Abflussscheitel, dann linear steigend bis „Knick", Gefällewechsel der Ganglinie.

$\Sigma Q_D = 64$; $V_{QD} = 64 * 1800 = 115200$ m³ ; $hQD = V_{QD}/A_E = 5.12$ mm;

$EGL_i = Q_{Di}/h_{QD}$

Nr.	Q in m³/s	Q_{Bas} in m³/s	Q_D in m³/s	EGL m³/s*mm
0	6	6	0	
1	6	6	0	0
2	8	6	2	0.38
3	15	6	9	1.73
4	24	6	18	3.46
5	19	6.4	12.6	2.42
6	16	6.8	9.2	1.77
7	14	7.2	6.8	1.31
8	12	7.6	4.4	1.04
9	10	8.0	2	0.38
10	8.4	8.4	0	0
11	8	8	0	
12	7.6	7.6		
13	7.2	7.2		
14	6.9	6.9		
15	6.5	6.5		

15. Abflusskonzentration in einem kleinen Einzugsgebiet (Abschnitt 9.4.3)

Einzugsgebiet mit folgenden Parametern

$L = 2.8$ km   (Länge des Wasserlaufes)

$I = 2\,\%$ (Gefälle des Wasserlaufes)

$A = 6$ km^2 (Fläche)

$a = 0.2$ h/km$^{0.77}$ (s. Konzentrationszeit)

Annahmen für eine Hochwasserganglinie:
- Die Anstiegszeit ist gleich der Konzentrationszeit
- Dauer des Hochwassers ist 5-mal die Anstiegszeit
- Das Hochwasser hat eine Abflusshöhe von $h_Q = 20$ mm

Welchen Scheitelabfluss Q_P hat das Hochwasser, wenn die Ganglinie als Dreieck angenommen wird?

Konzentrationszeit nach Gl. 9.5: $T_C = 0.2 \cdot \left(\dfrac{2.8}{\sqrt{0.02}}\right)^{0.77} = 1.99 \approx 2\,h$

Dauer (Basiszeit): $T_B; = 5 \cdot 2 = 10\,h$

Volumen: $V_Q = h_Q \cdot A_E = 0.020 \cdot 6000000 = 120000\,m^3$

Das Volumen entspricht der Dreiecksfläche des Hydrographen. $V_Q = T_B \cdot Q_P /2$

Der Spitzenabfluss ist $Q_P = 2 \cdot V_Q/T_B = 2 \cdot 120000/(10 \cdot 3600) = 6.67\,m^3/s$

Zeichnen Sie die Ganglinie. Wie weicht wahrscheinlich der tatsächliche Scheitelwert gegenüber der Annahme der Dreiecksform ab?

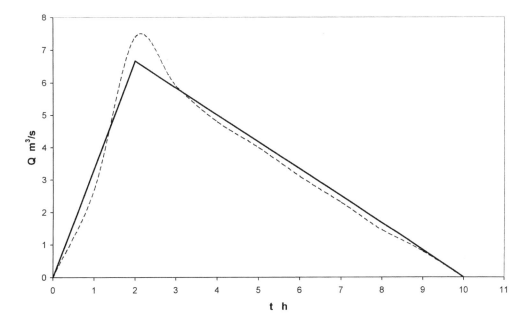

Da eine Ganglinie meist konkave Anstiege und Abstiege hat, ist die tatsächliche Spitze etwas höher als die des Dreiecks. Der Spitzenabfluss kann daher bei 7–7.5 m^3/s vermutet werden.

16. Intensität von Bemessungsniederschlägen (Abschn. 9.5)

Ermitteln Sie für einen maximalen Tagesregen $hN_1 = 80$ mm:
- Den maximalen Regen der Dauer D = 1, 2, 3 ... h nach Gleichung 9.5, Formel 1:
  1. $hN(D) = 0.51; D0.25; hN1$

Die Rechnung ergibt 40.8 mm für eine Dauer von einer Stunde. Für zwei Stunden erhält man 48.5 mm. In der zweitintensivsten Stunde können also 48.5 - 40.8 = 7.7 mm fallen, in der drittintensivsten 5.2 usw., wie in der folgenden Tabelle dargestellt. Innerhalb von 24 Stunden sind 90.3 mm, also 113 % des maximalen Tagesniederschlages zu erwarten (s. Text 9.5). Diese stündlichen Werte müssen natürlich nicht in absteigender Ordnung fallen. Kritisch ist die Ordnung, die die kritischste Bemessungsganglinie, den höchsten Spitzenabfluss und das größte Volumen pro Zeit erzielt. Eine solche Niederschlagsganglinie (Hyetograph) eines Tages könnte so wie unten dargestellt aussehen.

D	Σ hNmax mm	hNmax mm
1. Stunde	40.8	40.8
2. Stunde	48.5	7.7
3. Stunde	53.7	5.2
4. Stunde	57,7	4.0
:	:	:
24. Stunde	90.3	1.0

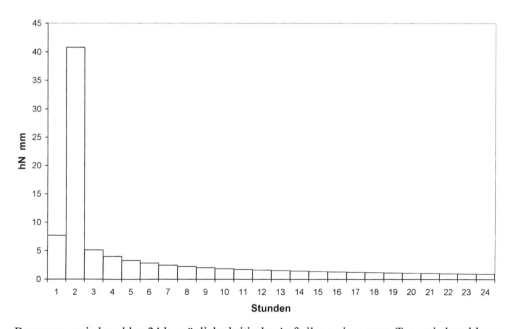

Bemessungsniederschlag 24 h, mögliche kritische Aufteilung eines max. Tagesniederschlages

17. Wasserbewirtschaftung in einer Talsperre (Abschnitt 8.6)

Gegeben: Mittlere Monatswerte des Zuflusses QZ und der geforderten Mindestabgabe QB

a. Wie groß muss der nutzbare Speicherraum bei Vernachlässigung von Verlusten mindestens sein?
b. Bestimmen Sie Monatswerte der tatsächlichen Abgabe QA und des Speicherinhaltes S
c. QZ und QA einzeichnen. Wann ist der Nutzraum voll, wann leer? (Alle Einheiten in hm^3)

Zufluss QZ und Mindestabgabe (Bedarf) QB sind bereits in das Diagramm unten eingetragen. Es ergibt sich ein erforderlicher Speicherraum von 110 hm3. Im Übrigen wie in Abschn. 8.6.

Monat	1	2	3	4	5	6	7	8	9	10	11	12
QZ	24	16	28	99	58	28	8	3	3	24	22	28
QB	18	18	18	16	20	34	40	42	34	26	22	18
QA												
S												

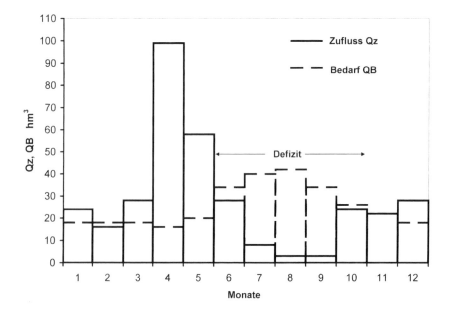

Literaturverzeichnis

1. ATV-DVWK-M 504, 2002, Verdunstung in Bezug zu Landnutzung, Bewuchs und Boden, Merkblatt.
2. Baumgartner, A. und E. Reichel, 1975: Die Weltwasserbilanz. R. Oldenbourg Verlag, München.
3. Bronstert, A. (Hrsg.), 2005: Abflussbildung – Prozessbeschreibung und Fallbeispiele. Forum für Hydrologie und Wasserbewirtschaftung, 13.05, 2005.
4. Chow, V.T., D.R. Maidment, L.W. Mays, 1988: Applied Hydrology, New York, McGraw-Hill.
5. DVWK-Regel zur Wasserwirtschaft 101, 1979: Empfehlung zur Berechnung der Hochwasserwahrscheinlichkeit
6. DVWK-Fachausschuss Feststofftransport, 1988: Feststofftransport in Fließgewässern. Berechnungsverfahren. DVWK-Schriften 87, Verlag Paul Parey.
7. DVWK-Fachausschuss Bodenerosion, 1990: Zur Erosivität der Niederschläge im Gebiet der deutschen Mittelgebirge. DVWK-Schriften 86, Verlag Paul Parey.
8. DVWK-Fachausschuss 1.10, 1991: Wasserwirtschaftliche Mess- und Auswerteverfahren in Trockengebieten. DVWK-Schriften 96, Verlag Paul Parey.
9. DVWK-Merkblatt 238, 1996: Ermittlung der Verdunstung von Land- und Wasserflächen. Kommissionsvertrieb
10. Dyck, S., 1980: Angewandte Hydrologie. Verlag für Bauwesen, Berlin.
11. Dyck, S. , Peschke,G., 1995: Grundlagen der Hydrologie, Verlag für Bauwesen, Berlin.
12. Fröhlich, K & W., Wittenberg, H., 1994: Determination of Groundwater Recharge by Baseflow Separation. IAHS-Publication No. 221, 61-67.
13. Gils, H., 1962: Die wechselnde Abflusshemmung in verkrauteten Gewässern. Deutsche Gewässerkundl. Mitt. 6, H 5, 102–110.
14. Grobe, B., 1977: Die statistische Ermittlung von extremen Punktniederschlägen und deren Abminderung in Abhängigkeit von der Einzugsgebietsgröße. Wasser und Boden, 270–273.
15. Hoyer, D., Wittenberg, H. und Strübing, G., 1989: Die Steuerung der Ubol Ratana Talsperre während des Ablaufs von Hochwasserwellen. Wasserwirtschaft 79, 7/8, 414-417.
16. Kille, K., 1970: Das Verfahren MoMNQ, ein Beitrag zur Berechnung der mittleren langjährigen Grundwasserneubildung mit Hilfe der monatlichen Niedrigwasserabflüsse. Zeitschr. deut. geol. Ges., Sonderheft Hydrogeologie und Hydrogeochemie, 1970, 89–95.
17. KOSTRA-DWD-2000, 2005: Starkniederschlagshöhen für Deutschland (195–2000), Deutscher Wetterdienst, Offenbach a. M.
18. LAWA, Länderarbeitsgemeinschaft Wasser, 1997: Pegelvorschrift, Kulturbuchverlag.
19. Lecher, K., Lühr, H.P., 2002: Taschenbuch der Wasserwirtschaft. Blackwell, Berlin.

20. Lutz, W., 1984: Berechnung von Hochwasserabflüssen unter Anwendung von Gebietskenngrößen. Mitt. Inst. Hydrol.u. Wasserwirtsch., Heft 24, Universität Karlsruhe.
21. Maniak, U., 2005: Hydrologie und Wasserwirtschaft, Eine Einführung für Ingenieure. 5. Auflage. Springer-Verlag.
22. Natermann, E., 1958: Der Wasserhaushalt des oberen Emsgebietes nach dem Au-Linien-Verfahren. MfELF, Düsseldorf.
23. Plate,E.J., G.A.Schultz, G.J. Seus und H. Wittenberg, 1977: Ablauf von Hochwasserwellen in Gerinnen. Schriftenreihe des KWK, Heft 27, Verlag Paul Parey.
24. Plate, E., Zehe, E., 2008: Hydrologie und Stoffdynamik kleiner Einzugsgebiete – Prozesse und Modelle. Verlag E. Schweizerbart.
25. Richter, D., 1995: Ergebnisse methodischer Untersuchungen zur Korrektur des systematischen Messfehlers des Hellmann-Niederschlagsmessers. Berichte des DWD Nr. 194.
26. Schwarze, R., Herrmann, A., Münch, A., Grünewald, U., Schöniger, M., 1991, Rechnergestützte Analyse von Abflusskomponenten und Verweilzeiten in kleinen Einzugsgebieten. Acta hydrophys. 35,143–184.
27. Wittenberg, H., 1976: Ein Prognoseverfahren für den Hochwasserabfluss bei zunehmender Bebauung des Einzugsgebietes. Wasserwirtschaft, Heft 1-2, 64–69.
28. Wittenberg, H., 1978: Bemessungshochwasser von kleineren Einzugsgebieten in Westafrika. Wasserwirtschaft, Heft 5, S. 133–137.
29. Wittenberg, H., 1986: Evaporation from fresh and salt water lakes – studies for two hydro-solar energy projects. IGU-IHP-Kongress, Freiburg, 1984, Beiträge zur Hydrologie, Sonderheft V.
30. Wittenberg, H., 1997: Der nichtlineare Speicher als Alternative zur Beschreibung von Basisabfluss, Grundwasserspeicherung und Trockenwetterganglinie. Wasserwirtschaft, Heft 12, 570–574.
31. Wittenberg, H., 1998: Einfluss der Feldberegnung auf den Grundwasserhaushalt im Uelzener Becken – Ermittlung aus dem Basisabfluss. Wasser und Boden, Heft 9
32. Wittenberg, H., 2003: Effects of season and manmade changes on baseflow and flow recession – case studies. Hydrological Processes, Vol. 17,11, hyp1324, 2113–2123.
33. Wittenberg, H., Matz, R., Rhode, C., 2003: Oberirdisches und unterirdisches Einzugsgebiet - Bedeutung für den Wasserhaushalt. Tag der Hydrologie 2003, Freiburg i.B., Forum für Hydrologie und Wasserbewirtschaftung, 4, 2, 29–32.
34. Wittenberg, H., Aksoy, H., 2009: Quantifizierung der Fremdwasserabflüsse in Kanälen durch Basisabflussseparation. Korrespondenz Wasserwirtschaft, 12/09, 672–675.
35. Wundt, W., 1938: Die Bestimmung des Jahresabflusses aus dem Niederschlag und der Temperatur. Wasserkraft und Wasserwirtschaft, Heft 13/14, S.158–161.
36. Wundt, W., 1958: Die Kleinstwasserführung der Flüsse als Maß für die verfügbaren Grundwassermengen. In: Grahmann, R.: Die Grundwässer in der Bundesrepublik Deutschland und ihre Nutzung, Forsch. deutsch. Landeskunde, 105, S. 47–54, Remagen.

Sachwortverzeichnis

A

Abfluss 7, 87
Abflusshemmung 25
Abflusshöhe 87
Abflusskomponente 89
Abflusskonzentration 105
Abflussrezession 52
Abflussrückgang 52, 98
Abflussspende 33, 87
Abstrahlung
 – effektive 29
Akustisches Doppler-Messprinzip
 (ADCP) 25
Albedo 29
Albedowert 30
Anemograph 20
Anemometer 20
Atmometer 32
Ausreißer 96

B

Basisabfluss 52, 62, 73
 – grundwasserbürtiger 75
Bemessungsereignis 41
Bemessungshochwasser 41
Bemessungsniederschlag
 – Intensität 107
Bewirtschaftungsplanung 57

C

Convolution 61

D

Dampfdruck 16, 18
Dauerlinie 34, 87
Defizit 58
Direktabfluss 59, 61
Doppelsummenanalyse 35
Drucksonde 21
Durchfluss 21, 22
Durchflussmessung 85

E

Einfachregression
 – lineare 36
Eingangsimpuls 59
Einheitsganglinie 55, 59, 62, 103
Einperlpegel 21
Eintrittswahrscheinlichkeit 41
Einzugsgebiet 6, 82
 – oberirdisch 6
 – unterirdisch 6
Erosion 25
Evaporation 7, 9
Evaporimeter 32
Evapotranspiration 9
 – nach Haude 28
 – nach Penman 29
 – potentielle 28
Exponentialfunktion 40, 50

F

Faltung 60, 103
Faltungsintegral 61
Fehlerausgleich 62

Fehlerquadratsumme 36, 62
flood routing 55
Frequenzformel 42, 46
Froude-Zahl 79

G

Gammafunktion 53, 54
Ganglinie 10, 34
Gebietsniederschlag 7, 14, 83
Gebietsverdunstung 91
Gegenstrahlung 29
Geschiebe 79
Geschwindigkeitsfläche 23, 86
Geschwindigkeitsmesser
 – induktiver 24
Geschwindigkeitsprofil 23, 86
Globalstrahlung 16, 19, 20
Grundwasserabfluss 9, 52
Grundwasserneubildung 52, 76
Grundwasserspeicher 73
Grundwasserspeicherung 52
Gumbel 41

H

Häufigkeitsverteilung 41
Hauptwert 33
Hauptzahl 87
Hochwasserberechnung 59
Intensität 69

I

Interzeption 7, 9
Isochronenfläche 66
Isochronen-Verfahren 64
Isohyete 14

J

Jahr
 – wasserwirtschaftliches 87

K

Kalinin-Miljukov-Verfahren 55, 56
Kavitation 17
Kippgefäß 12
Klimaänderung 29
Klimawandel 5
Konzentrationszeit 64, 66
Korrelation 36, 92
Korrelationskoeffizient 37
KOSTRA 70

L

Laser-Disdrometer 12
Lattenpegel 21
Laufzeit 55
Linearspeicher 50
Luftdruck 16
Luftfeuchte
 – absolute 18
 – relative 16
Lysimeter 32

M

Maximumpegel 21
Mehrfachregression 39
Messflügel 23
Messlotrechte 85
Messwehr 25
Mittelwert 33, 41, 42, 95
Muskingum-Verfahren 55, 56

N

Niederschlag 9, 11
Niederschlag-Abfluss-Modell 55, 59, 70
Niederschlagsdauer 70
Niederschlagsgleiche 14
Niederschlagsmesser 11
Niederschlagsmessfehler 13
Niederschlagsschreiber 12
Niedrigwasserabfluss 73, 97
Niedrigwasseranalyse 46

O

Oberflächenabfluss 9

P

Pearson 41
Pegel 21
Pegelkurve 25
Pegellatte 21
Pegelstation 21
Polygon
– nach Thiessen 15
Psychrometer 18
Psychrometerkonstante 29

R

Rangfolge 43
Rauheit 21
Reduktion 104
Reduktionsmethode 64
Regression 36, 71, 92
– halblogarithmische 40
– nichtlineare 38, 93
Retentionsberechnung 51
Retentionskonstante 50, 71
Rückgangscharakteristik 75

Rückgangslinie 52
Rücklage 7

S

Sättigungsdampfdruck 17
Sättigungsdampfdruckkurve 29
Schiefekoeffizient 41, 42, 95
Schreibpegel 21
Schwebstoff 79
Schwimmerpegel 21
Schwimmstoff 79
Sedimentation 25
Seeretention 50, 100
Seilkrananlage 23
Siedetemperatur 17
Signifikanz 38
S-Kurven-Verfahren 68
Sonnenscheindauer 16, 20, 29, 31
Sonnenscheinschreiber 20
Speicher 49
– gesteuerter 56
– instationärer 55
– linearer 49, 50, 71
– nichtlinearer 50, 52, 76
Speicherbewirtschaftung 58
Speichergleichung
– allgemeine 49
Speicherkaskade
– lineare 53
Speicherwirtschaft 56
Standardabweichung 37, 41, 42, 95
Strahlung
– extraterrestrische 20, 29, 31
Strahlungsbilanz 29
Synthetische Einheitsganglinie 64

System
- überbestimmtes 62
Systemantwort 59
Systemfunktion 55

T

Tagesniederschlag 70
Talsperre 108
Tauchstab
- nach Jens 24
Temperatur 16
Thermo-Hygrograph 18
Thermometerhütte 16
Thiessen-Polygon 82, 83
Transpiration 7, 9
Trendanalyse 36
Trockenwetterganglinie 50, 75, 98
t-Verteilung 38

U

Überstreichlänge 27
Unit Hydrograph 59

V

Variationskoeffizient 37
Verdünnungsverfahren 24
Verdunstung 7, 16, 27
- reale 32
- Wasserfläche 27
Verdunstungskessel 32, 91
Verkrautung 25
Verteilungsfunktion 41
- nach Gumbel 41
- nach Pearson 41
Verweilzeit 50

W

Wahrscheinlichkeitsanalyse 95
Wärmeabstrahlung 29
Wasserbewirtschaftung 108
Wasserbilanz 32
Wasserhaushalt 6, 91
Wasserhaushaltsgleichung 7
Wasserkreislauf 73
Wasserscheide 82
- oberirdisch 7
- unterirdisch 7
Wasserstand 21, 22
Wiederkehrintervall 41
- empirisches 43, 97
Wind
- geostrophischer 21
Windfaktor 27
Windfunktion 29
Windgeschwindigkeit 16
Windmesser 20
Windprofil 20
Windschreiber 20

Z

Zeitreihenanalyse 33
Zweipunktmethode 24
Zwischenabfluss 9

η-Verfahren 25
η-Wert 26

Printed by Printforce, the Netherlands